MY COOL CARAVAN by Jane Field-Lewis and Chris Haddon
Text Copyright © Jane Field-Lewis and Chris Haddon 2010
Design Copyright © Pavilion Books 2010
First published in Great Britain in 2010 by Pavilion Books
An Imprint of Anova Books Company Ltd, 10 Southcombe Street,
London W14 0RA
Japanese translation rights arranged with Anova Books Company
Limited, London through Tuttle-Mori Agency, Inc., Tokyo

楽しく快適！
40軒のライフスタイル

my cool caravan

ジェイン・フィールド＝ルイス
クリス・ハドン 著
松井貴子 訳

可笑しなクルマの家

二見書房

contents

introduction ……8

1 ニュー・レトロ ……11
　走る家族の別荘 ……12
　こだわりの小部屋 ……16
　コンスタンス号 ……20
　水陸両用"舟の家" ……24
　ディディ号 ……26

2 カントリー・コテッジ ……29
　古き良き佇まい ……30
　アール・デコの曲線 ……34
　草原の小屋 ……36
　バラ模様の書斎 ……40

3 オールド・レトロ ……45
　秘密の隠れ家 ……46
　一家の旅の宿 ……50
　庭園の離れ ……54
　よみがえった宝の箱 ……58
　少女の夢の部屋 ……62

4 シンプルライフ ……65
　ラブストラック号 ……66
　ロアルド・ダール号 ……70
　フランク号 ……72
　古い羊飼いの小屋 ……76
　新築・羊飼いの小屋 ……78

5 トレーラーパークの宝物 ……81
　ハムの缶詰め ……82
　ぴっかぴか号 ……86
　愛しき我が家 ……88
　50年代の翼 ……90
　懐かしのスタイル ……92
　手作りレプリカ ……96

6 イギリスの伝統 ……99
　父の夢 ……100
　王室のキャラバン ……104
　動く大食堂 ……106

7 オーガニック ……109
　繭の部屋 ……110
　優雅な流線型 ……112
　職人の逸品 ……114

8 銀色の弾丸 ……117
　時代のシンボル ……118
　陸のヨット ……122
　家族の宝物 ……126
　小粋なキャンパー ……130

9 リサイクル ……133
　エコストリーム ……134
　農夫のオアシス ……138
　デイジーの家 ……140
　ホームオフィス ……144
　シトロエンの部屋 ……148

　　ショップ・リスト ……152

introduction
この本ができるまで　　　　　　　　　　ジェイン・フィールド＝ルイス

　お金をかけずに週末を過ごせる場所をお探しですか？　それとも仕事部屋、子どもの遊び場、いえいえ秘密の隠れ家がほしい？　シンプルな1台のキャラバンがあれば、その夢はぜんぶ叶いますよ。

　この本を一緒に書いたクリスも、わたしも、イギリスのサセックス地方の田舎にキャラバンをもっています。そのサセックスでのことでした。レトロなキャラバンへの愛着や、なにげない楽しみの再発見について話しているうちに、わたしたちは同じ思いを共有していることがわかりました。これが、この本が生まれたきっかけです。

　本書は、ガイドブックとはほど遠いものですが、愛すべき古いキャラバンをわたしたちなりの方法で讃えた本なのです。

　クリスとわたしは、キャラバンを持っている人たちとたくさんの会話を楽しみました。わたしたちはみな、子どものころの幸せな思い出を共有していました。胸躍る外国への旅、イギリスの海沿いの町で過ごした休暇、屋根を叩く雨音とともに父親のジャズのレコードに耳を傾けた夕べ……。なにげないことの幸せな思い出には、ふだんは見過ごされてしまう、生活の大切な細部が詰まっています。

　キャラバンは、こうした生活の細部を見つめ直すきっかけを与えてくれます。低速車線をのんびり走って人生を楽しみ、忙しい日常生活のなかでいとも簡単に見過ごされてしまうなにげないこと——早朝の湖面を覆う朝霧、アヒルの鳴き声、夕暮れ時の美しくはかなげな光、平穏と静寂——に気づかされる。1台のキャラバンがあれば、さほど手間もかからず、そんなシンプルな幸せを味わうことができるのです。

　いつの時代にも、古いモデルに価値を見出し、保存し、修理をして慈しむ熱狂的な人びとがいます。彼らは世の歴史とデザイン史に、自らの小さな足跡を刻んでいることを実感していたはずです。

　この本をつくるなかで、わたしたちは夢を追いかけるそうした人びとに数多く出会いました。だれもがその無償の努力の賜物を快く撮影させてくれ、それぞれの物語を聞かせてくれました。夢と信念をたずさえた人びととの出会いに、心から感謝しています。出会ったキャラバンのいくつかは、この本でお披露目をしました。

　本書『My Cool Caravan』は、質素なキャラバンがくり広げる、隠された創造とデザインの世界を探る試みです。歴史的な意味をもつようなモノはさておき、1960年代以降の大量生産システムによって、わたしたちには多くの可能性が拓かれました。創造性を楽しむ、ノスタルジーにひたる、過去の栄華を復元する、古いモノを現代風にアレンジする……。もちろん、まったく新しいものを手がけることだってできます。

　実用一辺倒のブリキのマグ、欠けたお皿の時代は過ぎ去りました。いまでは、愛らしいコーヒーポット、羽毛布団にふかふかの枕など、ちょっとした工夫であなたのキャラバンを手軽に彩ることができます。ずっと読みたかった古い小説、スケッチブックと色鉛筆、それからチャリティ・ショップで買った古いボードゲームもいいですね。こうしたものが、大切な思い出や、日常を離れた場で過ごす時間をつくる手伝いをしてくれるのです。

　クリスもわたしも、キャラバン歴はそれほど長くありません。初めて買うときは、それは緊張したものです。わたしが選んだのは、1970年代スタイルのオレンジとブラウンの小さなキャラバンです。これに日除けをつけ、古い布地でつくったカーテンを吊るして簡単なお洒落をさせました。食器棚も入れて、アンティークのタッパーウェアや10代の頃に使っていた古い食器を収めています。少しずつ手を加えていくのは楽しいし、お金だってかかりません。アンティーク・ショップやインターネットで宝物を探すのは、尽きることのない楽しみです。

　クリスはすっかりキャラバンに魅せられて、いまでは3台も持っています。1台は改造して、仕事のためのオフィスになりました。田園地帯に置いてあるもう1台は家族で休暇を過ごすため、そして最後の1台は、ロンドンでの週末の気分転換のため。クリスやわたしのような人は、いま増えているようです。デザインするという面白さに目覚め、この小さな大冒険に心を奪われた人びとの話は、きっとあなたの心もつかみ、刺激してくれることでしょう。

　気がつけば、すでに多くの人がキャラバンの魅力にとりつかれています。音楽フェスティバルには、グルーヴィーなキャラバン・ファンが大集合。インターネットのブログにも、愛らしい内装をほどこしたレトロ・スタイルのキャラバンがあふれています。カップケーキ屋さんからアートギャラリー、タトゥー・スタジオまで、若い人たちはキャラバンをビジネスに使っています。VW（フォルクスワーゲン）のキャラバンを選ぶ世代は、何か面白いことをやりたいという気概にあふれつつ、そこそこの広さと使い勝手のよさを求めているでしょう。また、ブティック・ホテルの時代に育った人たちは、いまやタイヤの上にWi-Fiとデザイナーズ家具を備えたレトロな、かつ新しい自分だけの居場所をつくりあげています。

　わたしたちと旅路を共にしてくれた"クルマの家"の持ち主たちの熱い支えがなかったら、この本は生まれませんでした。キャラバンのコレクターや研究家、関連本を出版した人たち、陶磁器のコレクター、古い家族写真を大切にする人たち、オリジナルのパーツやアクセサリーを探す人たち……。クール（粋）なプライドをもつこれらの人びとに、心から感謝しています。

　ここに収録した写真と物語が、あなた自身の1台を持つきっかけとなりますように。大金がかかるわけではありません。なにげない空間を楽しみ、質素なキャラバンがもつ無限の可能性を遊んでください。

new retro
懐かしき時を楽しむ

　わたしたちの考える「ニュー・レトロ」とは、伝統的な日常と家庭生活を現代の暮らしのなかに取り込むこと。装飾に使える古いモノやバンティング（三角形の旗布）、レトロな陶磁器、バラ模様、カラフルな色使いのモノなど、楽しかった子どものころを思い出させる品々は、チャリティ・ショップやガレージセールで見つかることもあります。

　"あたたかみ"があり、かつ現代的な味わいをもつニュー・レトロは、昔を懐かしむかのような雰囲気です。こうしたキャラバンの多くは、家族で楽しむ場所としてデザインされています。

　ニュー・レトロには、1960年代以前のキャラバンが似合います。なかでもしっくりくるのは1950年代のものでしょう。素朴な曲線の「チェルトナム・スプリングボック」（p12）や、〈コンスタンス号〉の「スプライト14」（p20）はその代表格です。愛らしいコンスタンス号はサム・アルパーがデザインしたスプライトの初期モデルで、もっともよく売れたスプライト・マスケティアの前身でした。

　これらの有無を言わさぬ存在感と佇まいは、現代的でありながら、過ぎ去った時代を思い出させてくれます。

走る家族の別荘
cheltenham springbok
イギリス製

　この稀少な〈チェルトナム・スプリングボク〉の持ち主、リディア・ウッドペッカーは言う。「日常から逃避できる場所がほしくて、最初は海辺に別荘を買いました。気に入っていたけれど、別荘は動かせないでしょう。それで次にナローボートを試したの。これにも満足したけれど、自由が効かないのね。わたしたちはもっと自由がほしくて、じゃあキャラバンかな、とまずはチェルトナム・フォーン（Cheltenham Fawn）を買ったら夢中になったの！」
　リディアと夫のマークはすぐにフォーンでは飽き足らなくなり、もっと広いものを、とモダンなレトロ・スタイルのキャラバンを買った。ところが何度か旅に出かけるうちに、これには古いキャラバンがもつ魅力がない、と感じたという。2人はさんざん探しまわり、とうとうわずかしか現存しないチェルトナム・スプリングボクの1台を手に入れた。
　「挑戦と失敗を重ねて、やっと心から満足できる空間を手に入れたの。これがいちばんね」　　　　　　　　　　　（ロンドン在）

style notes

　気取りのないあたたかな色味を使い、家族のための現代的な空間がつくりだされている。昔ながらのバラ模様の布地やハンドタオル、復刻品のロバーツ社製ラジオやゲーム用品が、現代に甦る古きイギリスの雰囲気を演出する。

　布地は花柄、チェック、ストライプという現代的な取り合わせ。柄の大きさを合わせ、赤を基調にすることで統一感を出した。

　ソファやクッションカバーの花柄の布はキャス・キッドソン、足元には懐かしいリノリウムの床材を市松模様に配した。伝統的な越屋根（こしやね）からやわらかな光が差し込み、窓にはシンプルに束ねたストライプのカーテンをあしらっている。

こだわりの小部屋
beegle bus vw
1971年 ドイツ製

この美しい〈ビーグル・バス〉は、カリフォルニアから輸入したVW（フォルクスワーゲン）の1971年製キャンピングカー。持ち主のベラ・クラークは、伝説的ファッションデザイナーのオジー・クラーク、テキスタイルデザイナーのセリア・バートウェルの義理の娘である。

ベラのVW好きは、子どものころから体に染みついていた。「父が71年製のVWダンベリー（Danbury）に乗っていたの。これが売りに出ているのを見つけたときは、何のためらいもありませんでした。手に入れたときの状態もよくて……幸運でした。前の持ち主がしっかり手をかけてくれていたんです」

　ベラはこのキャラバンの内装について、あれこれ思い巡らしたという。
「どうしたものかと、さんざん迷ったあげく、結局、シンクの代わりにテレビを入れました。イギリスの天気は変わりやすいし、3人の幼い子どもたちがいるしね。いまではみんな、週末にキャンプに出かけるのを楽しみにしています。行きたいときに行けるんです、どんな天気の日でもね」

（ロンドン在）

style notes

　クラシックなVWに家族のぬくもりを添えるのは、セリア・バートウェルの布地でつくったカーテン、クッションとバンティング（旗布）。折りたたみ式の椅子とテーブルにもセシルの布をあしらうことで、キャラバンの中と外に一体感が生まれている。小さな空間の装飾にはもってこいの方法である。

　家具類を持ち運び、またすっきりと収納するためには、ロール式や折りたたみ式、またはスタッキング（積み重ね）できることが大事。使うときも収納するときも、これで小さな空間の見た目はぐんとよくなる。

　内装に対するベラのこだわりは、窓を飾るハーフサイズのバンティングからもうかがえる。通常の半分のサイズにすることで、役目を果たしつつ、主張しすぎないバンティングに仕上げられている。

コンスタンス号
constance

　ロード夫妻の庭の奥には、木々に囲まれた小さな聖域がある。
「娘のフィービーが、誕生日に新しいプレイハウス(子どもの家)をほしがったんです。古いものはもうぼろぼろだったの」と妻のルーシー。「そこでキャラバンを思いついたの。天気が悪くても遊べるし、なにより楽しいでしょ。新しいプレイハウスを買うより安くて広いし、おまけに家具付きなんだもの!」
　ルーシーと夫のスティーブは、ネット・オークションでこの〈コンスタンス号〉を見つけた。ちなみにその愛称は、娘フィービーのミドルネーム。
「とてもきれいな状態でした。少しおめかししてあげるだけでよかったの」
　外と室内に吊り下げられたバンティング(三角形の旗布)がよく似合う。いまでは、家族のだれもが〈コンスタンス号〉の使い途を見つけたようである。
「フィービーはここで友だちととても楽しそうに遊ぶの。ティーンエイジャーの姉、ロージーにとっては逃げ場所ね。それも親から逃げるとき! わたしとスティーブもときどきやって来て、静かにコーヒーを飲み、静寂を味わって自然を楽しむんですよ」
(イギリス、ベッドフォードシャー州在)

style notes

　持ち主の感性が生み出した、年代物のキャラバンの現代的なあり方の一つである。"ブライトンの海岸"を思わせる美しいグリーンの塗装が、1950年代の雰囲気をうまく伝えている。

　昔ながらのリノリウムの床、汚れをさっと拭きとれるビニール製のソファシートも50年代風。もともとプレイハウスとして買ったので、スタイリングは実用的で、高価なものは置いていない。レトロなクッションやブランケットは、車という硬質な素材をやわらげるとともに、目を引くアクセントになっている。

　手編みのラグ、古いピクニックセット、メラミンのカップ、手づくりのぬいぐるみなど、室内にはイギリスらしい古い子ども用品を置いて、楽しげな空間を演出。子どもだけでなく、大人の心もつかむ空間である。

水陸両用 " 舟の家 "
amphibious caravan
1965年頃 アメリカ製

驚くべき水陸両用の「家」の持ち主は、これをどうしたものかと考えあぐねているという。そもそも、めったに見かけないシロモノだから、というのが購入の動機であった。

1965年製のこの逸品は、格納式の車輪を備え、A字形のフレームも着脱式だが、あまりにも重すぎてイギリスの狭い道路を走るのは難しいらしい。小さな夢のボートは、水上にしか活路を見出せないのだという。

これはアメリカ製だが、同じようなキャラバンボートはイギリスでも製造されていた。しかし、売れ行きはよくなかった。ただ、最近では復活の兆しが見えはじめているという。「車＋ボート」の理想の組み合わせがもてはやされる日が来るかも。　　　　　　　　　　（イギリス、エセックス州在）

style notes

思わず目を引かれる水陸両用のキャラバンの室内には、明るくこぎれいな白いインテリアと、それを引き立てる洗い込まれた木の床。あしらわれた品々はどれも厳選されたもので、すっきりと簡素にまとめられている。

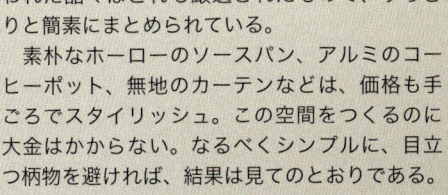

素朴なホーローのソースパン、アルミのコーヒーポット、無地のカーテンなどは、価格も手ごろでスタイリッシュ。この空間をつくるのに大金はかからない。なるべくシンプルに、目立つ柄物を避ければ、結果は見てのとおりである。

ディディ号
diddy

「インターネットのセールで見つけたとき、〈ディディ〉には最低入札価格が付いていなかったの。幸運だったわ、すぐに飛びついて150ポンド（約30万円）で買えたんです」とエマ・ハントは言う。「でも、手に入れたときはひどい状態でした。前の持ち主は、愛犬たちをドッグショーに連れて行くための"移動犬小屋"として使っていたそうなんです。うんと掃除をして、犬の毛を取り除き、心がなごむレトロなスタイルに再生したの」

"ディディ"は「ちっぽけな」という意味。全長3.5mの小さなキャラバンだが、家族全員で〈ディディ〉と出かけ、多くの週末を過ごしている。

「たしかに狭いです。ある朝、この車からわたしとパートナー、2人の娘、そして犬が出てくるのを見てびっくりされたことも……。テレビを置くスペースもないけれど、とくにほしいとも思わないんです」

（イギリス、エセックス州在）

style notes

　最小限のコストで最大限のスタイルを実現させた〈ディディ〉号には、一風変わった品々が気取りなく散りばめられている。
　愛し尽くされてぼろぼろになったぬいぐるみをとり囲むのは、中古のピクニックバスケット、アンティークのガーデニング用木箱、色とりどりのナプキンや布巾、ふぞろいのカトラリー。
　クッションは、きれいに整えられているよりも無造作に置かれているほうが美しく、北欧のアンティークの布地と、アメリカのデザイナー、エイミー・バトラーによる現代風な布地の取り合わせにも目を奪われる。作意のない自然でハッピーな調和は、いつだって考え抜いてコーディネートしたものの上をいく。
　リアウィンドウに貼られた色とりどりの古いトラベルステッカーはいかにもイギリスらしく、〈ディディ〉号の過去の日々とその旅路をしのばせる。ひもで後部に固定された古いデッキチェアも、だ。あるべき場所に、あるべきモノがあることが素敵。

country cottage
田舎の別荘として

　田舎に小さな別荘を持ちたいと願う人は多い。心を癒す自然、鉛枠の窓、イングリッシュ・ローズ、アフタヌーン・ティー。本質的な美には、わたしたちを魅了してやまない何かがあります。そう、キャラバンとインテリアの選び方しだいで、こんな田舎の空間も手に入るのです。
　この章で紹介するキャラバンは、ミドルクラスに向けてデザインされた1936年製のエクルズ・アリストクラット（p30 Eccles Aristocrat）や、〈ウィンチェスター〉のブランドを築いたキャラバン黎明期の有名デザイナー、バートラム・ハッチングスが手がけたウィンチェスター・パイペット（p36 Winchester Pipet）。どちらも個性的で、鉛枠の天窓を配した越屋根、オーク材の調度品、懐かしいリノリウムの床を備えています。その上質なしつらえと居心地は、当時の富裕層のあいだで人気を博しました。彼らは、キャラバンを牽引する自家用車を所有した第一世代でした。
　これらのキャラバンのデザインには、当時の流行が反映されています。たとえばエクルズを飾るのは、アール・デコ調のガスストーブ、陶製のシンク、水切り板、クラシックな幾何学模様のグリル（有孔板）に覆われた備え付けのラジオ。その居心地と安心感、広さは、これがクルマだということを忘れてしまうほどです。
　田舎の別荘スタイルは、いまも人気です。さすがに外観は真似できなくとも、室内の装飾しだいでその雰囲気をつくることができるのですから。
　たとえばフリーマン（p40 Freeman）は、見た目は別荘とはほど遠いですが、シンプルで素朴な外観で、田舎の別荘の雰囲気を宿しています。室内は、花柄模様の更紗の壁紙、バラ模様のクッション、精巧な花柄モチーフ、凝った照明器具で彩られ、田舎の別荘スタイルが現代的な形で実現されています。

古き良き佇まい
eccles aristocrat
1936年 イギリス製

「妻と私のキャラバン歴は、もう覚えていないほど長いんだ」とジム・タルマージは言う。「いろいろなキャラバンを何台も買い、修理して使ってきた。この1936年製の〈エクルズ・アリストクラット〉はなかでも大のお気に入りだね。塗装をし直したと思われるけれど、この青色はもともとの色なんだよ」
　ジムと妻は、エクルズが人びとを振り向かせ、視線を集めることにも慣れている。その魅力は、ひとつにはオリジナルの姿を大切にする2人の心意気にある。「古いキャラバンが集まる大会に出たりもするから、内装はできるだけオリジナルのままにしているよ。あちこち手を加えたり、もとの設備をぜんぶ取っ替えるのは"御法度"だね。どの時代のキャラバンにも、かならずファンがいる。私の場合、職人気質が光る戦前のキャラバンに惹かれるんだ」（イギリス、エセックス州在）

style notes

　歴史的価値をもつキャラバンの所有には、いくらかの責任が伴う。このエクルズのようにわずかしか現存しないものは、丁寧に手入れされ、本当に必要なところだけにしか手を加えられていない。
　このキャラバンも、多くの設備がオリジナルのまま残されている――オーク材の食器棚、調理器、シンク、亜鉛引きの水切り板、古い電熱ヒーター……。ラジオ本体は取り替えたが、アール・デコ調のラジオグリル（有孔板）やその他の部品はもとの姿のままだ。
　向き合ったシートには掛け布が敷かれているが、オリジナルのくすんだグリーンの布張りのままで保持されている。
　70年以上も前に製造されたこの魅力的なキャラバンは、いまも現役で、路上を走ることができる。過去に敬意を払い、現代の生活に欠かせない必需品だけをそっと適切に付け加える持ち主の手で、その生命はつながれている。

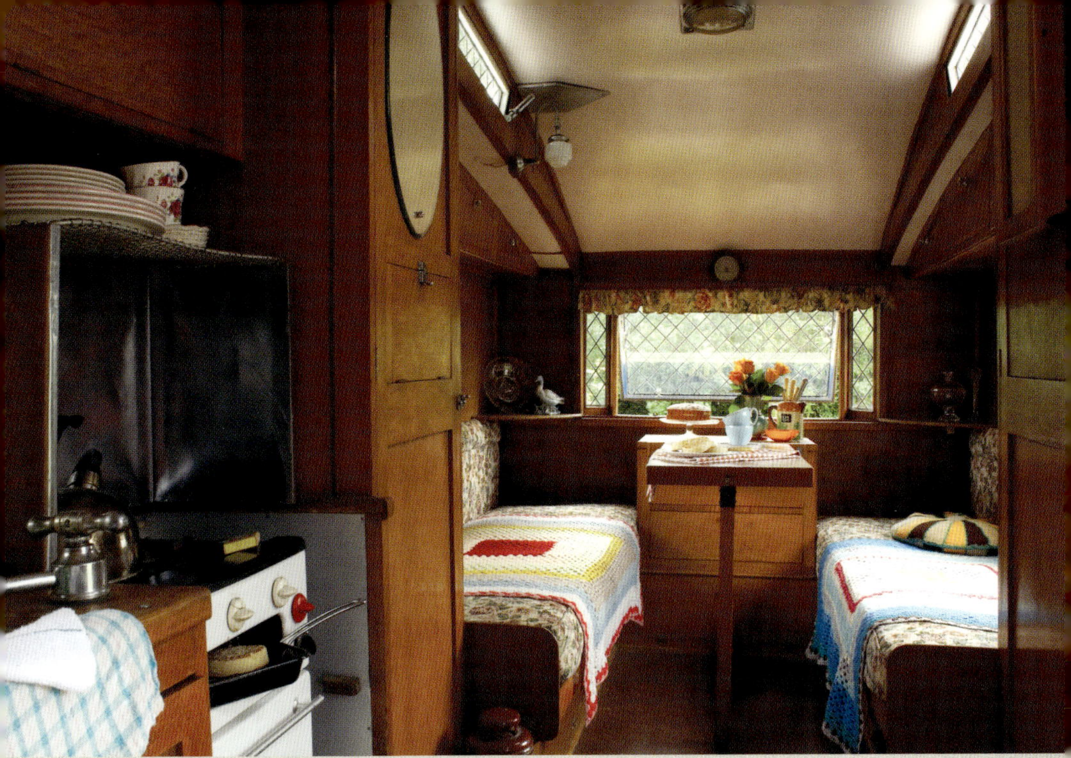

1936
ECCLES
"ARISTOCRAT"

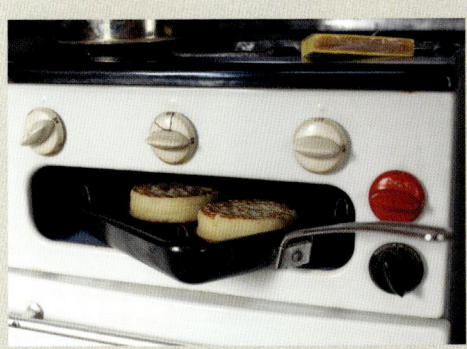

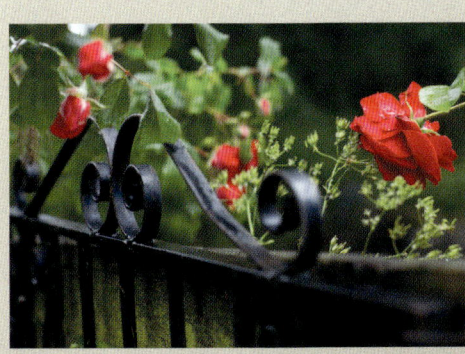

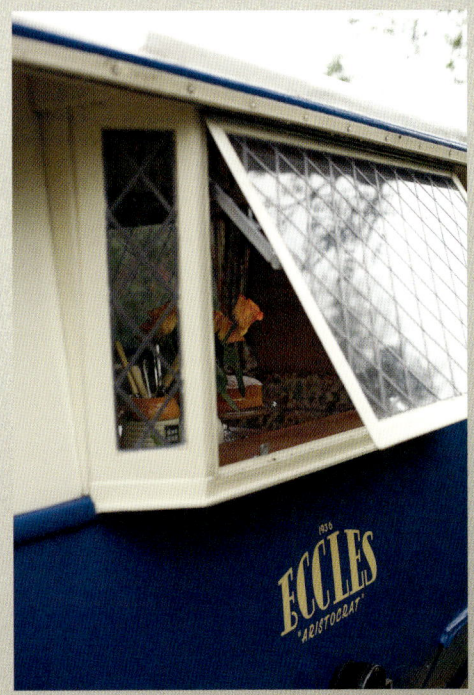

アール・デコの曲線
01' 36 1936年 オーストラリア製

「公道を走れるキャラバンのなかで、オーストラリアでもっとも古く、もっとも独創的なのはこの〈オールド36〉なんだ」と、ニューサウスウェールズ州に暮らすボブ・ケールは誇らしげに言った。「イギリス製のように見えるけど、1936年のオーストラリア製だよ。車台（シャーシ）と部品は、イギリスのブロックハウス・エンジニアリング社のものだけどね」

そしてボブはこう言い添えた。「このキャラバンは、大恐慌と第二次世界大戦の合間につくられた。しかし1940年代半ばまで、あまり使われてはいなかったんだ。これだって登記は1961年。2006年に手に入れたとき、内装はオリジナルのままでとてもいい状態だった。とにかく気に入っているよ」

（オーストラリア、ニューサウスウェールズ州在）

style notes

　オールド36は戦争の合間に誕生した。多くの人が都市から郊外へと移り住み、郊外に建築物が増えつづけた時代である。それはつまり、人びとが新しい生活様式を受け入れたことを意味した。
「モダンな流線形」は時代を先取りした動きで、シンプルなライン、美しい曲線、最小限に抑えた装飾は、アール・デコの流れを汲んでいた。明るく華やかな住宅が人気を博し、続いて曲線型の窓が流行。イギリスの陶器デザイナー、クラリス・クリフが注目を浴び、優雅な大型船がもてはやされた時代でもある。
　このオールド36の窓に注目してほしい──扇形に放射状の線を入れた〈サンバースト型〉は、車体の繊細で薄い色合いとともに、この時代に特徴的な造型である。

草原の小屋
winchester pipet
1954年 イギリス製

　いつ、どんなきっかけでキャラバンの魅力にとりつかれるか分からない。1954年製の〈ウィンチェスター・パイペット〉の持ち主、ピーター・ターバードの話を聞こう。
「キャラバンにとりつかれたのは6年前でした。もともと私の趣味はヴィンテージ・カーで、キャラバンはそのアクセサリーにすぎなかったんです。ヴィンテージ・カーをショーに出す際のおまけとして持っていただけなのが、いつしか逆転してキャラバンが趣味になったというわけ。いまでは車よりもこっちのほうを見てもらいたいんだよ」
　そのおまけが、草原のなかにうずくまっている。草を踏み分けて玄関に向かいながらピーターは語る。
「キャラバンの形は変わり、やがて市場には、よりボックス型に近い大量生産品が現れるようになった。このクラシックなウィンチェスターは、一つの時代の最後を飾ったね。さまざまな外観をとりながら25年以上を生きたこの形も、来るべき1960年代のモダンなスタイルと新素材に道をゆずったんだよ」　　　　　　　　　　（イギリス、エセックス州在）

style notes

　1954年製の洒落たボディの中に入ると、室内は心地よく住みやすい雰囲気に包まれている。

　くつろぎの空間を飾るのは、刺しゅうをほどこした1950年代のクッション、ヴィンテージ・キャラバンの本、レトロな瀬戸物。窓の上には旧式のキャラバンのミニチュア・カーが駐車している。

　玄関をバラで飾ったタイプの別荘というよりは、自然への回帰を思わせる佇まいだ。窓の外にあるものを忘れてはいけない——そんなことを再認識させる、シンプルで実直な空間である。

バラ模様の書斎
freeman 1950年代製

この1950年代製〈フリーマン〉の次の行き先は、アイルランドの農場だとか。大西洋を渡る強風にさらされた古いりんご園の片隅に、静かに佇むことだろう。持ち主のマリカ・マレーは、小さくて個性的なこのキャラバンを執筆の場として使うことにしている。
　マリカのキャラバンは、個性的な模様替えをいく度も経験してきた。前の持ち主はデザイナー・作家のパール・ロウで、結婚式の際の私室用に買ったという。その後は安らぎの場として、また回想録を執筆する部屋として使われていた。
　「曲線がきれいなグラスファイバー製の車体は、最初はゴールドに塗る予定でした。だけど、このミントグリーンに変えたの。木々の緑が美しい田園地方には、この色のほうが似合うと思って……」とマリカは続けた。
　「インテリアはとても落ち着いていると思う。そうは見えないでしょうけど、実はどのインテリアも決して主張してないんです。すべてが調和した心安らぐ場なの」（イギリス、ウェストサセックス州在）

style notes

　室内は、２種類の壁紙で彩られている。コール・アンド・サン社の〈ハミングバード〉と、ラルフ・ローレンが復刻したイギリスの古い花柄モチーフだ。壁紙の長所は、たった１ロールで手軽に雰囲気を変えられること。
　この空間が実現できたのも、２種類の壁紙が醸すエレガンスのおかげだろう。シャンデリア、手描きの花模様、金属細工のバラが、女性の私室という雰囲気を演出し、カントリー風のキャラバンを現代的で魅惑的な空間に変える見事なアクセントになっている。

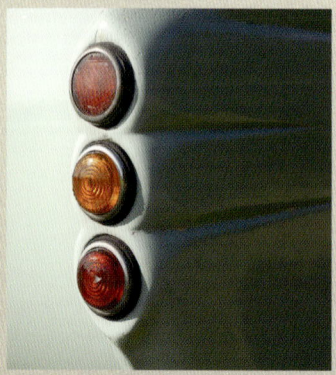

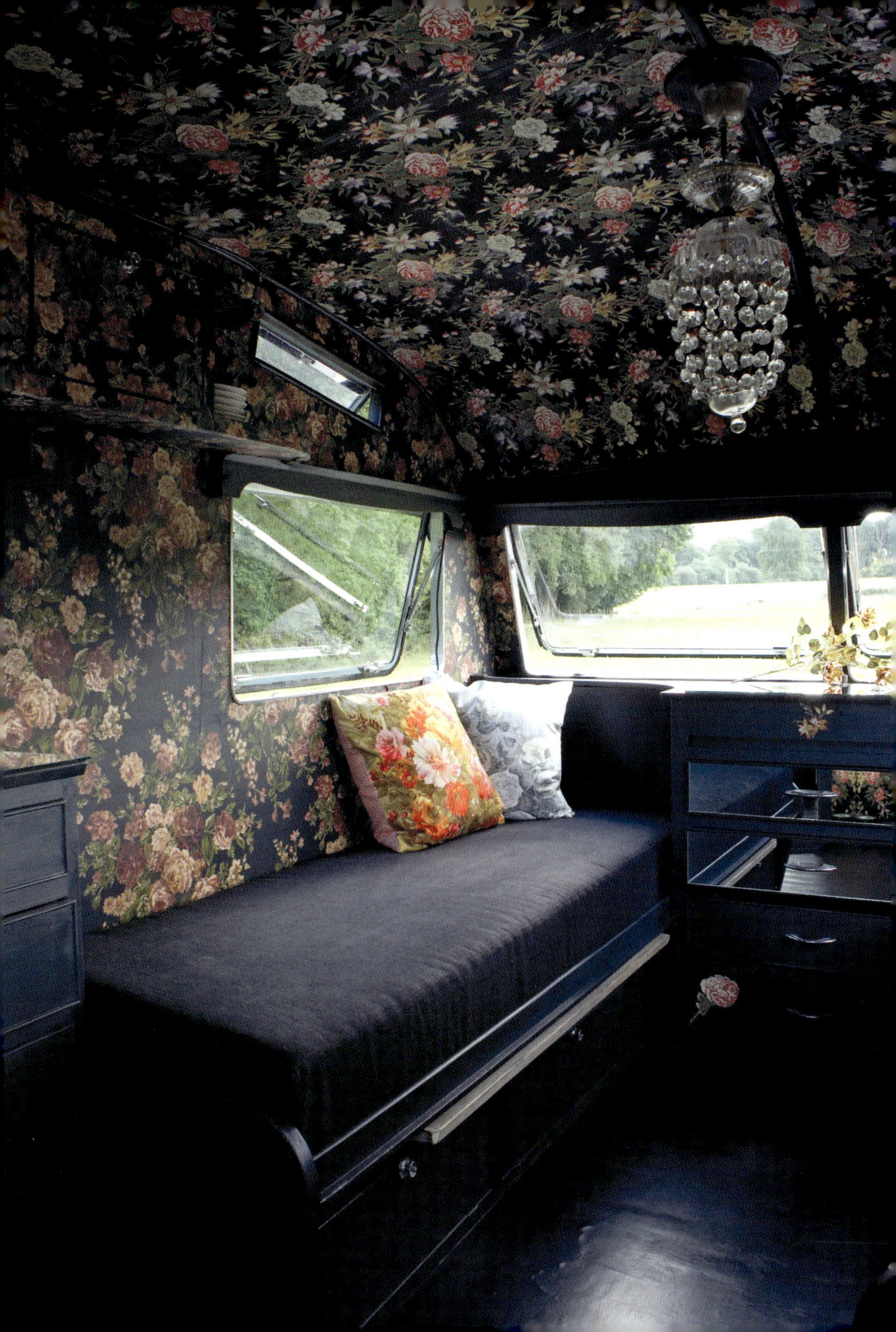

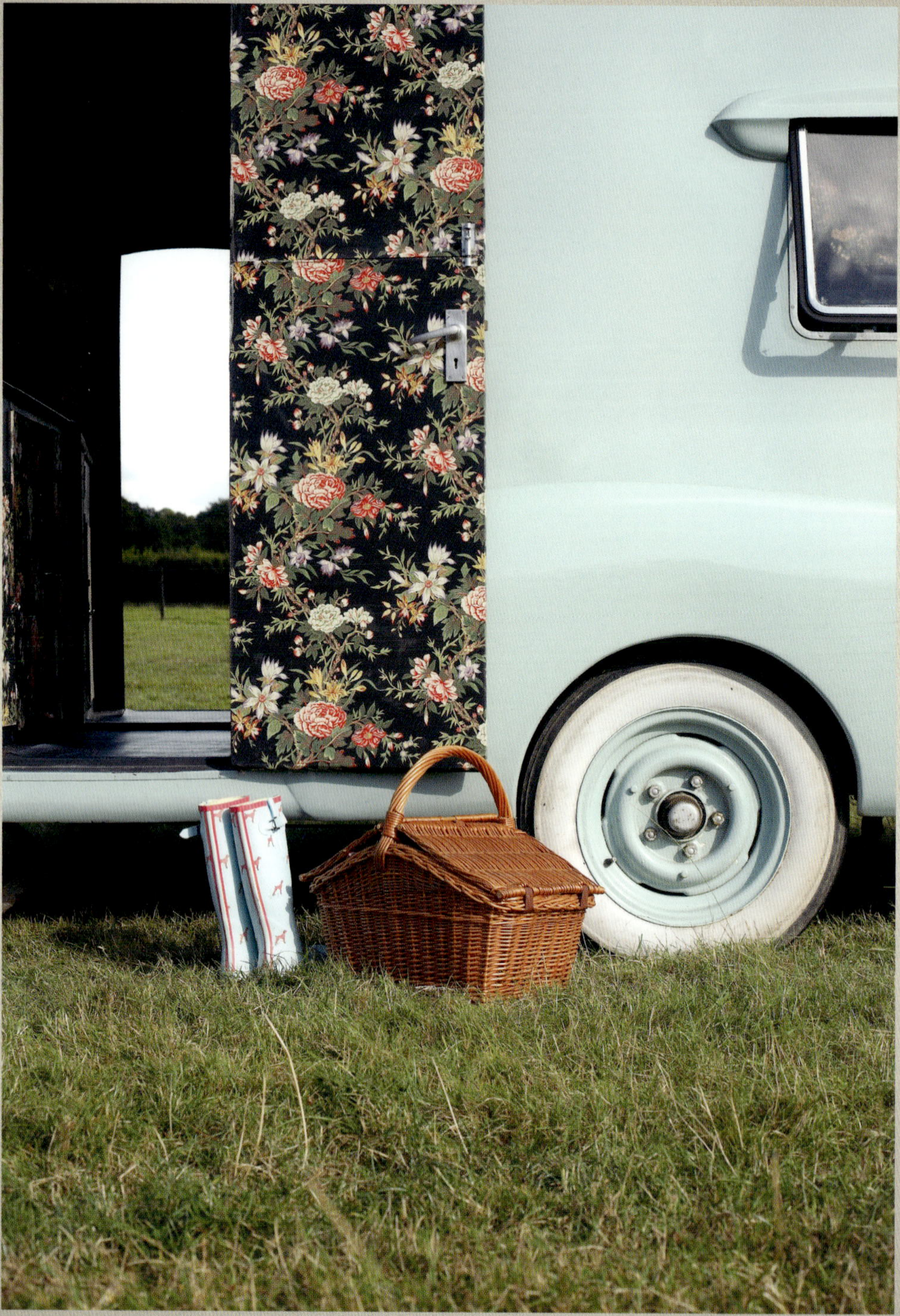

old retro
70年代の味わい

　キャラバンの大量生産——おかげで手の届きやすいものになった——は、1960～70年代にピークを迎えました。移り気な、しかし有望な市場に向けて、メーカーは急いでブランドづくりに励み、スプライト（Sprite）、Abi、シーアイ・カデット（CI Cadet）などが流行りの人気ブランドとして確立されました。
　このころにはキャラバンの技術改良も進み、1970年代には、二重ガラスや高機能な断熱材、備え付けの冷蔵庫が登場します——現在では当たり前とされている文明の利器です。同時にキャラバンの形状は、当時としては現代的な、丸みのあるボックス型へと進化していきました。
　この時代のキャラバンは、いまも数百台が現役です。路上やオートキャンプ場、フェスティバル会場などで目にしたこともあるでしょう。縞模様のインテリア、ベニヤ合板の仕上げ材、オレンジとブラウンの色彩設計など、この時代ならではの魅力はいまも健在です。
　インテリアには、現代的なプラスチック素材を使った当時の設備によく似合うモノが使われています。ふつうならキャラバンに置くなんて考えもしないようなモノ——派手な布地、オレンジ色のエナメルの鍋、タッパーウェア、もじゃもじゃのラグなど——が新しい居場所を見つけ、その見た目の素敵なことといったら！

秘密の隠れ家
monza 1000
1970年代 イギリス製

この本の著者でもあるスタイリストのジェインは、日々の仕事の重圧から解放されるため"特別な何か"を探していた。そして見つけたのが、この1970年代製の〈モンザ1000〉である。
　ジェインはこのキャラバンを友人と共同購入した。
「買ったのは4年前。価格は数百ポンド（数万円）だったけれど……その何十倍も価値のある買い物だったわ。道路でこれを牽引するのは好みじゃなくて、だからサセックスの農場に置きっぱなし。小さな秘密の隠れ家なの」
「自分のためのスタイリングはいい気分転換になるし、その場で自由に変えられることが楽しいの」と言ってジェインは続けた。「わたしのキャラバンは、忙しい日常から逃れて、創作意欲を充電するのに最高の場所。仕事では撮影のための小道具もそろえるから、毎日いろんなモノに出会います。以前なら、いつか仕事で使えるかもと小物を集めていたのが、いまではそれどころじゃなくて、ついキャラバンを飾るために買ってしまうの」
　ジェインは家族でこのキャラバンを楽しんでいる。
「夫はキャンプにも出かけるタイプだけど、だんだんとわたしの流儀に共感してくれたみたい。息子は正反対で、流儀を説くまでもなく、最初からこのアウトドア・ハウスを気に入ったの」　　　（イギリス、サセックス州在）

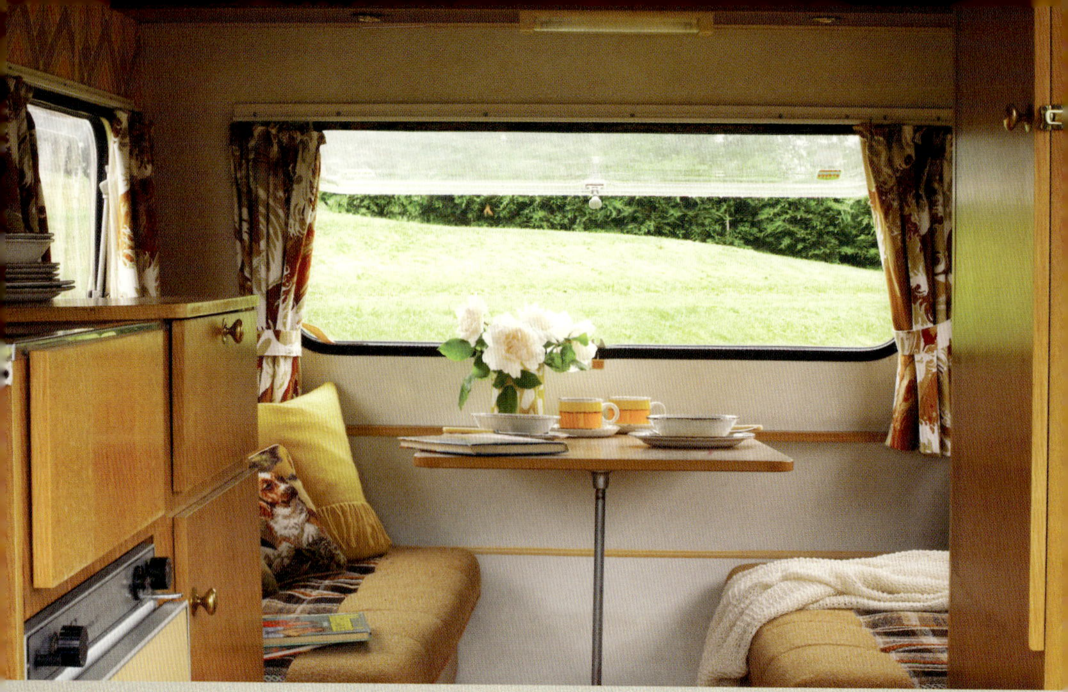

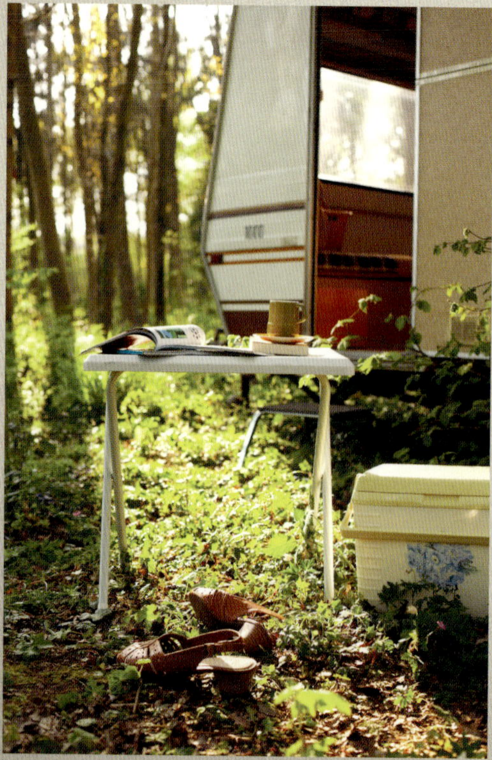

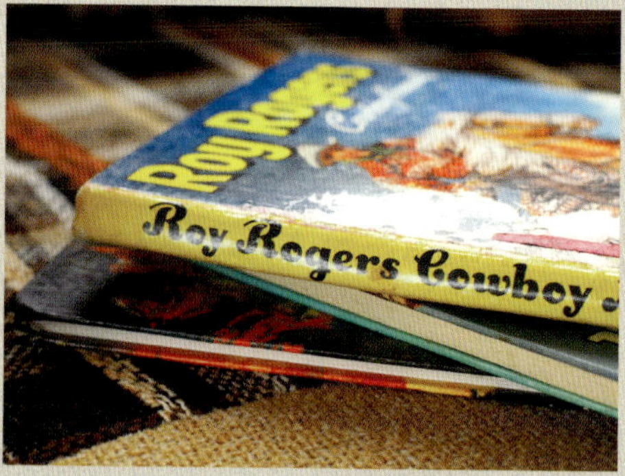
Roy Rogers
Roy Rogers Cowboy

1000

style notes

　色彩にもその時代の流行がある。このキャラバンのブラウンは、1970年代の流行色。ブラウンにも流行り廃りがあるが、70年代のブラウンは温かみのある素朴な色合いで、当時はとてもモダンだった。車体の模様とロゴ、室内のシート、ジュート布風のプリントをほどこしたメラミンの壁にも、このブラウンが取り入れられている。
　「ブラウンには同じ温かみをもつ色が似合うから」とジェインは装飾にゴールドやマスタード、カスタードクリームのようなイエローを加えた。ビニール製の壁紙は70年代のデッドストック、アンティークのカップはミッドウィンターズ社の〈SUN〉――当時はありふれた普及品だったが現在ではコレクターズ・アイテム――で、どちらもブラウンと同じ風合いをもつことから選んだという。

一家の旅の宿
eriba familia
1967年 イギリス製

　「子どものころ両親に連れて行かれて、キャンプの虜(とりこ)になったんだ」
　こう話すリッキー・ジェームズは、とても稀少な1967年製の4人乗り〈エリバ・ファミリア〉の持ち主である。
　「いまの私たち家族にとって、ロンドンを脱出するにはこれがいちばんなんだ。最初はVWのキャラバンを持っていたけれど、2人の娘ルルとデイジーが大きくなって背も伸びると、手狭で使えなくなった」
　リッキーはインターネットでこの宝物を見つけた。しかし、すぐに売り主に連絡をしたが、ひと足先にエリバは売れてしまっていたという。

「どうしても諦めきれず、売り主に頼んで買い手に聞いてもらったんだ。買値よりも高い値段で買うから売ってくれないか、とね。驚いたことに、答えは"イエス"！　こうして取引が成立し、2日後には私のガレージにエリバがやって来た」。リッキーの素早い決断と交渉のおかげで、家族はあっという間にエリバを手にすることができた。
「これを牽引するのは、妻ヴィヴィアンのVW64年式タイプ3スクエアーバックか、私の54年式デラックス・マイクロバス。エリバに家族全員の自転車を積んでも楽に走れるよ」（イギリス、オックスフォードシャー州在）

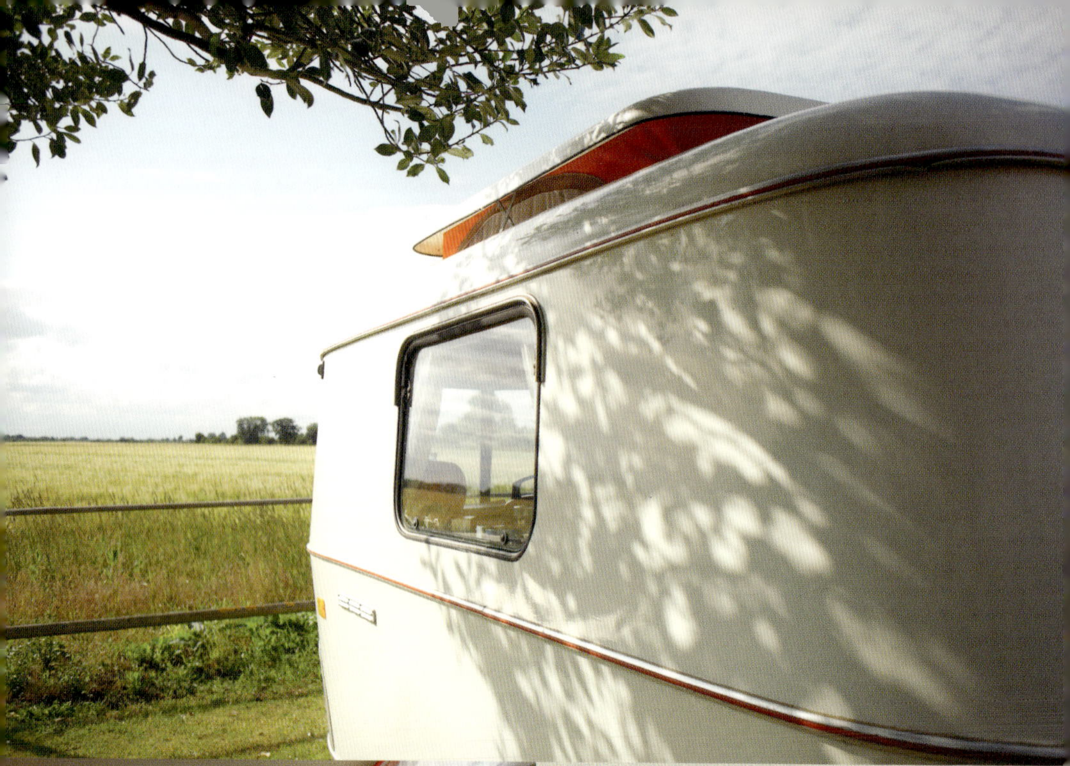

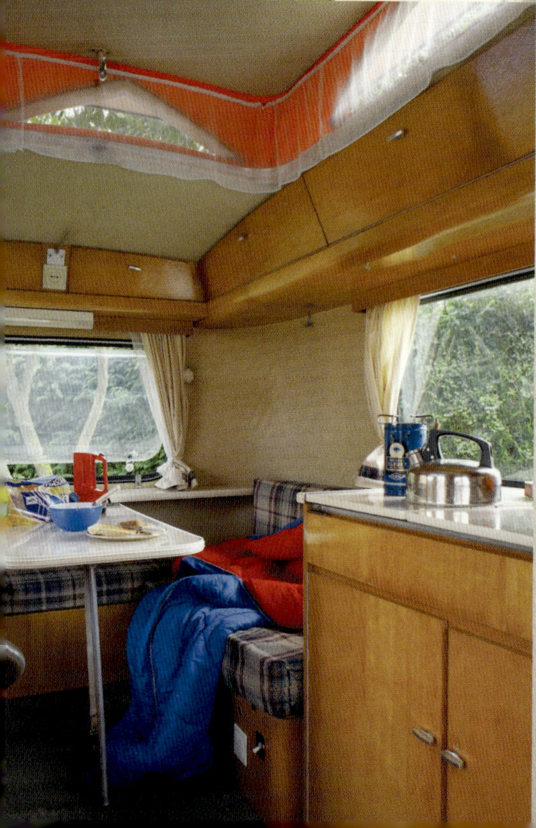

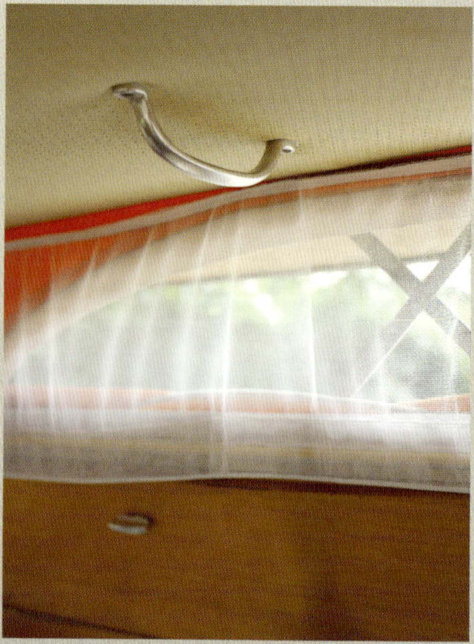

style notes

　VWで牽引することを想定してつくられた人気ブランド〈エリバ〉。若い層に向けた気取りのないキャンピング・スタイルは、お金をかけずに粋なアウトドアライフを楽しむのにぴったりだ。
　このエリバでは、レトロなスリーピングバッグ、古い羽毛布団、プラスチックのボウル、タッパーウェアなどで雰囲気を演出。その他のインテリアには手を加えておらず、ポップトップ（上に持ち上がる屋根）や室内装飾を新しく取り替える必要はなかったという。VWにもひけをとらないデザイン性が光る、クラシックな1台である。

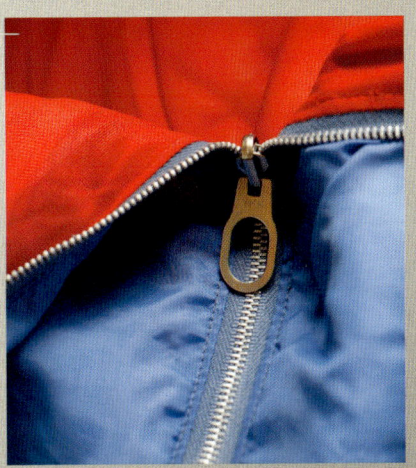

庭園の離れ
mr smith 1970年代製

ひと目でそれと分かる1970年代のレトロ・スタイルと、その持ち主の地所で出会うことができた。室内は70年代という時代が生み出したモノに彩られ、タイプスリップしたかのような気分にさせられる。
　ブリオン・スミスの"車の家"は、20年以上前に造ったという自然豊かな庭園に佇んでいる。「7年前からあそこにあるんです」とスミス氏は指差した。「客用の寝室になることもあるけれど、おもに家族で使っています。静かに時を過ごしたり、何か考え事をしたり……周囲の自然と美しい池を眺めながらね」
　スミス氏によると、このキャラバンは、メーカーもはっきりとした製造年も不明だとか。「車体を隅々まで調べても、手がかりは見つかりませんでした。でもいいんです、大切なのはこのキャラバンが家族に与えてくれる楽しみですから」

（イギリス、ウェストサセックス州在）

style notes

　このキャラバンの味わいは、隠すように置いたその場所にある。鳥を眺め、四季の移り変わりと自然のなかでの独りの時間を楽しむには最良の場所だ。

　室内は、古い双眼鏡、鳥の本、アンティークのランチョンマットと食器、野の花と野草を生けた花瓶で飾られている。オリジナルのままという重厚な模様織りのソファには、古い毛糸の毛布とヤギ皮のラグが置かれ、すべてが合わさって温かみと安らぎが生まれていた。

　織り物仕上げの調度品がもっとも映えるのは、陽の光が当たるときだ。それもできれば横から――このときは、池を臨む南に面した大きな窓からたっぷりと陽の光が射していた。

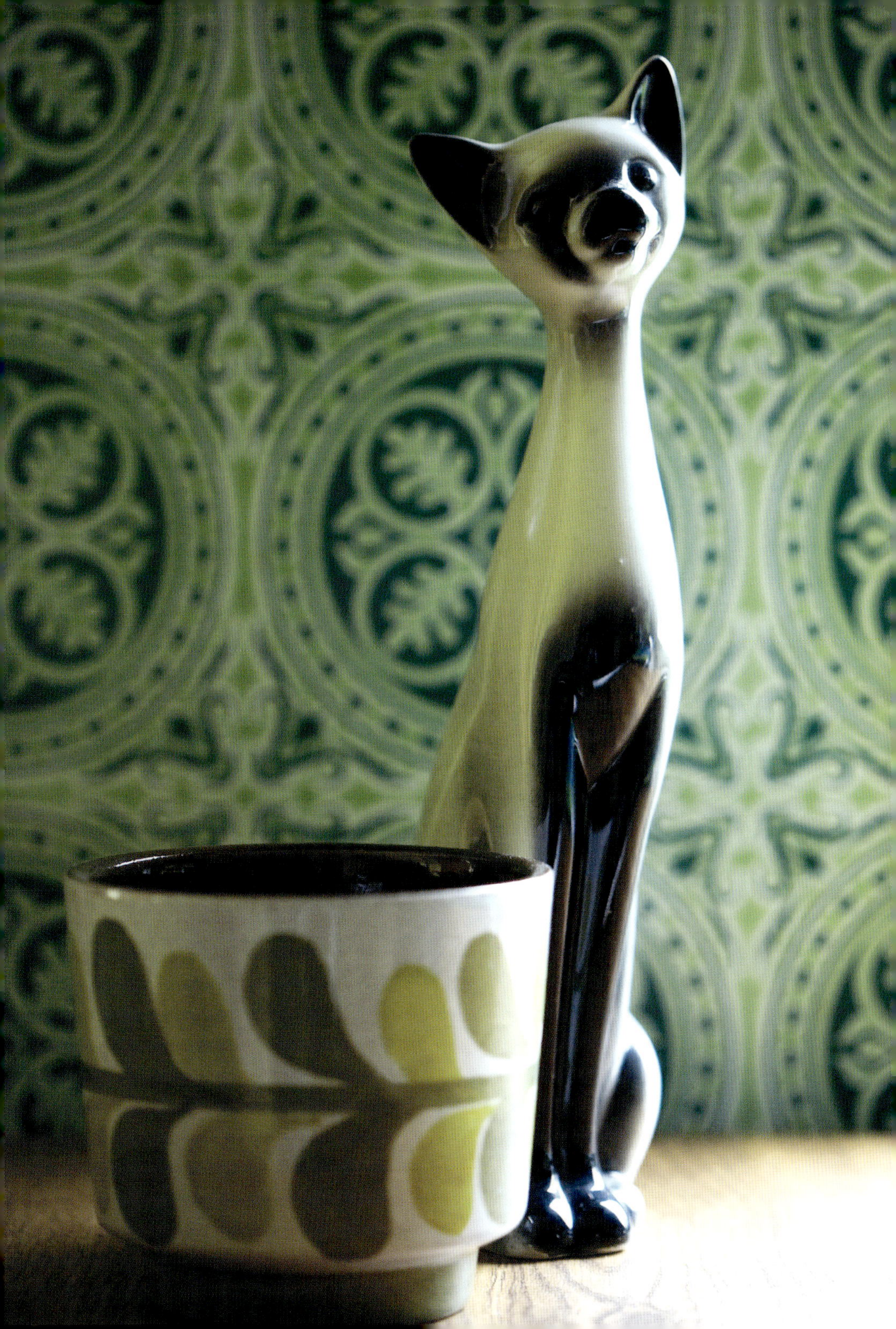

よみがえった宝の箱
mostard オランダ製

　オランダの〈モスタルト社〉は、1959年頃からキャラバンの製造を始め、1970年代後半に中止した。現在、同社のキャラバンはコレクターの憧れの的で、オランダでには愛好者のクラブまである。
　「オランダの古い納屋で見つけたんだ。とても使われている感じではなかったよ」と持ち主のニール・パリー＝トムスンは言う。
　「前の所有者は手放すのを渋ったけれど、なんとか説き伏せて譲ってもらった。それが1年前のことで、それからずっと、心を込めて一から修復しているよ。調べてみたら、このタイプのキャラバンとしてはかなり古いものだった」

状態は上々とはいえないが、ニールとエマはこのモスタルトを気に入り、おもに家族でのキャンプに使っている。
「キャラバンの歴史のなかで、自分がこの1台を所有するという名誉にあずかった数少ない一人だなんて、夢を見ているみたいだ。これよりもレトロなキャラバンは、なかなか手に入らないそうだよ」

（イギリス、ケント州在）

style notes

「すべての物にはふさわしい場所がある」——よく耳にするこの言葉は、キャラバンを手に入れた人のためにあるようなもの。

　ニールたちのモスタルトは広くはないが、折りたたみ式やスタッキング（積み重ね）のできる家具、脚の取り外しができるテーブルなどがうまく活用されている。ここでは、すべては収納できるものでなくてはならない。

　モスタルト・イヴォンヌは上質な木工細工に定評があり、食器棚の扉には美しいバーチ材の合板が使われている。そこに見えるのは、アルミニウムの装飾、ずんぐりとした蝶番、その扱いにくさが満足感をもたらす頑丈な金属製の掛け金。小さな一つ一つが、高い品質——そのご到来する大量生産の時代には失われてしまう——の証である。

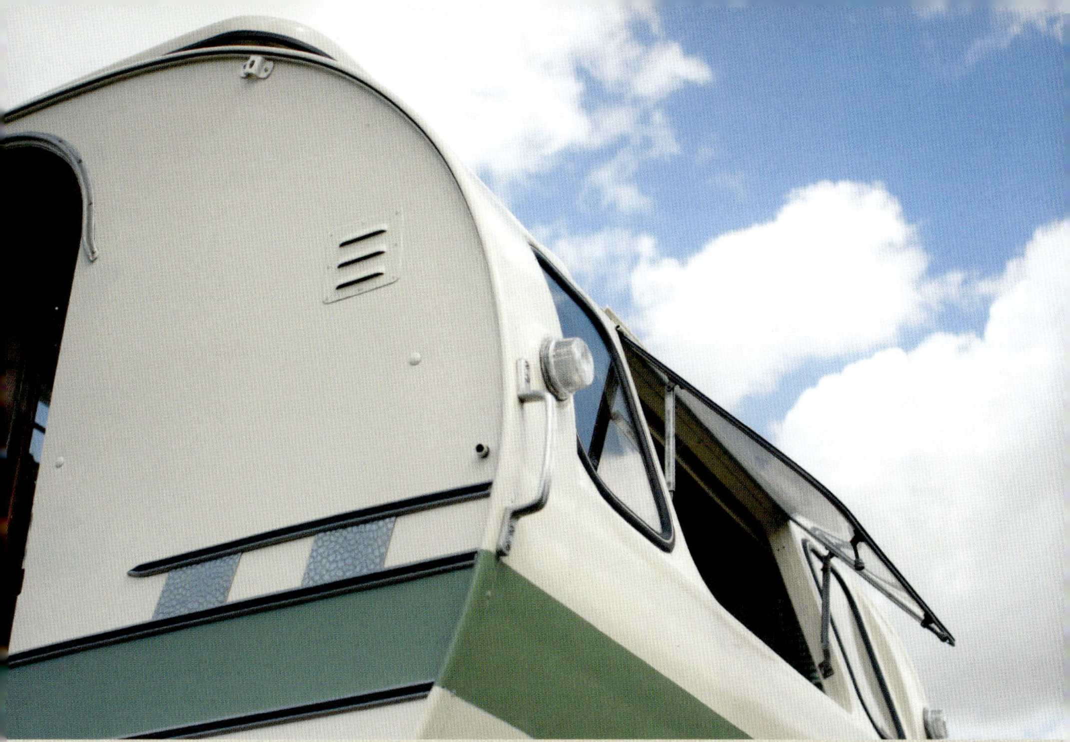

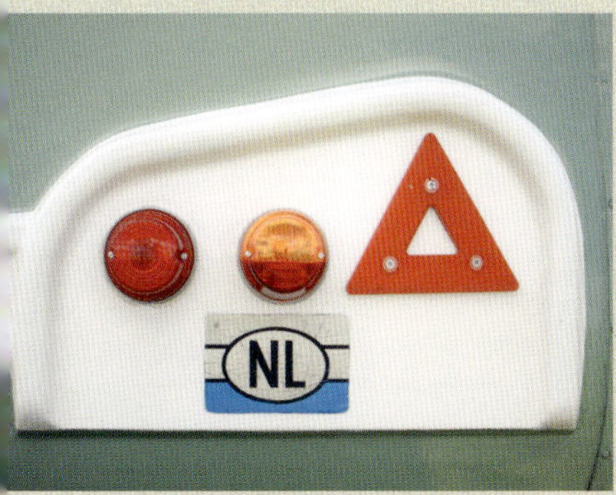
NL

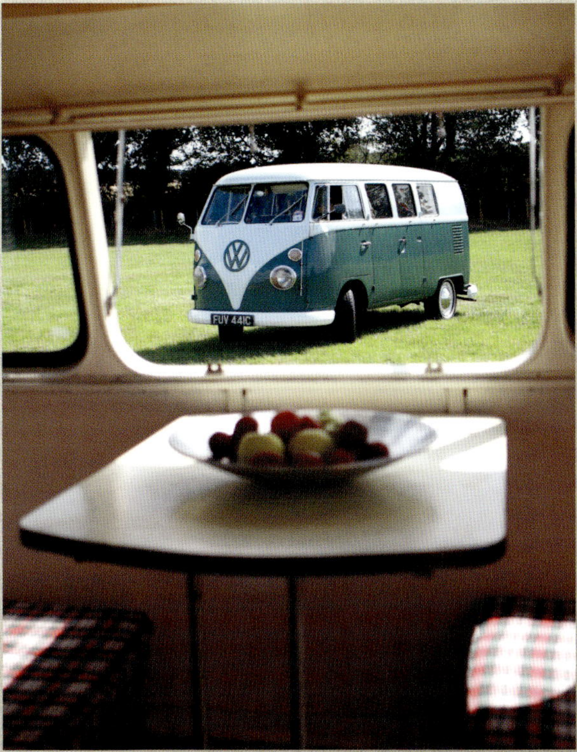
FUV 441C

少女の夢の部屋
ci cadet イギリス製

このキャラバンは、新しい持ち主を探すことになっていた。しかしスザンヌ・バシュフォードは考え直して、8歳の姪のためにこの小さな宝物を手放さないことにした。新車のときから持ち主はスザンヌだけなので、仕様はすべてオリジナルのまま。キャラバンの内外に貼った1970年代の明るいフラワー模様のビニール・ステッカーが、レトロな雰囲気を醸し出している。
　キャラバンは、野の花が生い茂る草地に置かれている。
「姪はこのキャラバンをとても大切にしているの。いつもきれいに片付けて、夜にはドアのロックを確認しているわ。手放さなくて本当によかった」とスーザンは言う。「お金の問題じゃないの。それよりも彼女が楽しむこと、大人になるまでに素敵な思い出をつくることのほうが大事」　　（イギリス、サフォーク州）

style notes

　ちょっとした自分だけの場所を持つのに、手軽で簡単な方法がキャラバンだ。この幸運な少女は、やさしい叔母のおかげで自分だけのプレイハウスを手に入れることができた。ままごとセットやぬいぐるみ、本など、室内は少女が大好きなモノであふれている。

　成長するにつれてモノが置き換わっていっても、この〈シーアイ・カデット〉は友だちと楽しい時を過ごす最良の場所でありつづけるだろう。

　少女の母親はインターネットで70年代風の布を買い、3組のカーテンを縫った。しかし窓はぜんぶで4つある……。あと1組のカーテンを縫うために、母親はいまも布を探しているのだとか。

　雨の日も晴れの日も、心温まる空間である。

the simple life
がらくたを捨てて豊かな暮らし

　想像してみてください。重圧も心配事もなく、生きるために働く必要もない生活。時間にしばられず、目的地をもたない、絵に描いたような旅人の暮らし──。ほんの数日でもこんな生活を体験できたなら、悩み事も広い視野でとらえ直して、自由な心を味わえるはず。

　私たちは、身の回りを最新の贅沢品で取り囲もうとしがちです。考えてみれば、この世は生活を便利にしてくれるモノだらけ。しかし、それらは本当に必要でしょうか？　よりシンプルな生活のなかに、より大きな幸せを見出す。それはけっして珍しいことではありません。

　どんな生活スタイルでも、生きるために最低限必要なものは同じです。つまり、"がらくた"がいらないだけなのです。

　一歩下がって見つめ直してみましょう。キャラバンの室内を見回して、本当に必要なものは何かを考えます──これが、シンプルライフへの第一歩。そうしたら、自分なりのデザインを付け加えていきましょう。

　新しいもの、古いもの、錆びたもの、体になじんだ柔らかな布地、むきだしの木目、あちこちに散らばった自分だけの大切な品々……。大切なのは、シンプルであることです。個性を生かして、でも過剰にならないように。

ラブストラック号
lovestruck

偉容を誇るこのキャラバンは、もとは馬を運ぶためのトラックだった。持ち主のアルジー・スローンは言う。
「1970〜90年代のイギリスの旅のスタイルが好きでたまらないんだ。もう病的なくらいにね。残念なことに、あの快楽主義的な旅のあり方は90年代後半には脇へと押しやられ、そのうちに多くの美しいキャラバンが姿を消したり、持ち主ごと国外へ出て行ったりした。妻と僕はこの馬用のトラックを2003年に買って、少しずつ、こだわって快適な生活空間に改造したんだ」
　そしてアルジーはこう付け加えた。
「ハネムーンや休日の小旅行に使ったあと、僕たちはこれをゲストハウスとして貸し出そうと考えた。車で美しい土地へ行ってそこに駐車できれば、わざわざ宿泊施設を建てる必要はないよね。最小限の手間ひまですむ、気楽なライフスタイルさ」
　　　　　（イギリス、オックスフォードシャー州在）

style notes

　温かみのある美しい木材仕上げだが、もともとは実用一辺倒の空間だった。それが見事に、なるべくして、田舎風の移動住宅へと生まれ変わっている。

　再利用のステンドグラスも、木製の食器棚も、ふぞろいな手描き模様の花瓶も、置かれたものはどれもしっくりとなじんでいる。

　木の床にはすり切れた異国のラグが敷かれ、ロイドルームチェアにはヤギ毛皮のラグと布製のクッション。一方には重厚な木製のベッドが据えられ、上質な白い木綿のシーツと羽毛布団が手招きをする。ほとんどすべてのものが古道具だが、心やすらぐ素朴な理想郷を思わせる空間である。

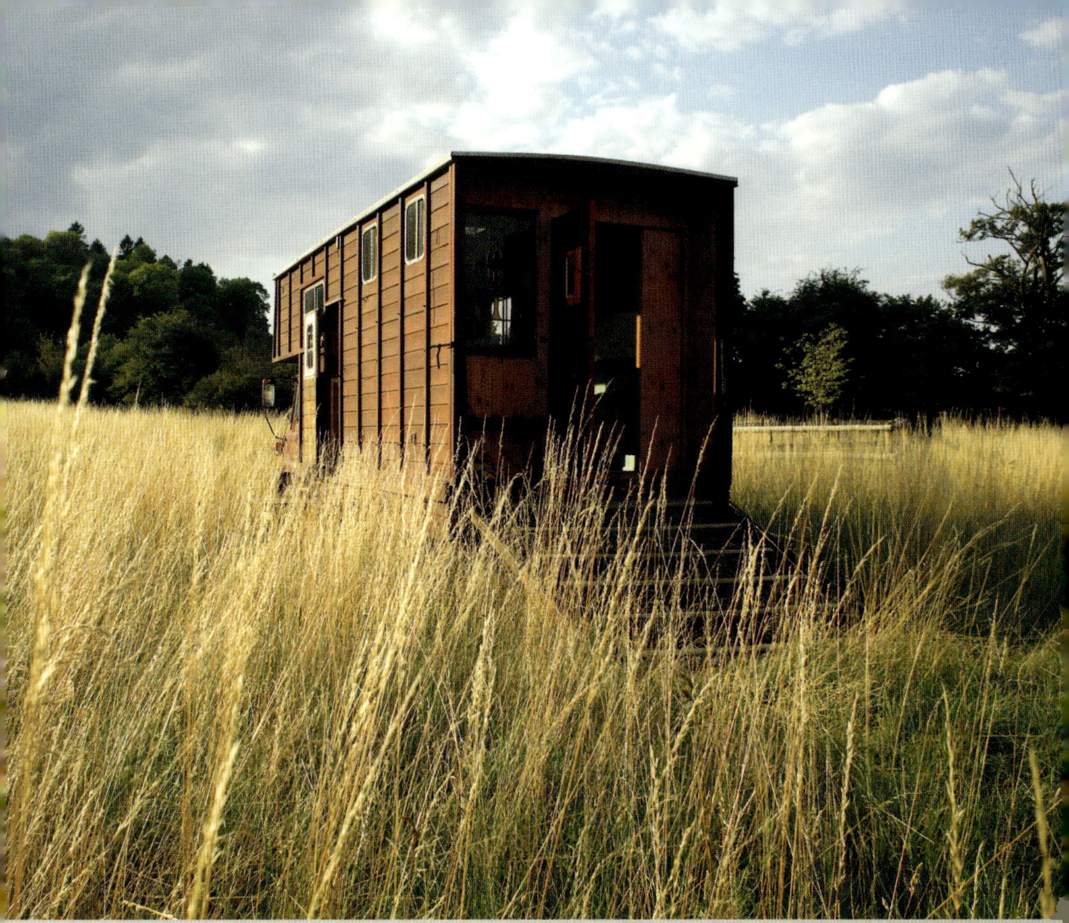
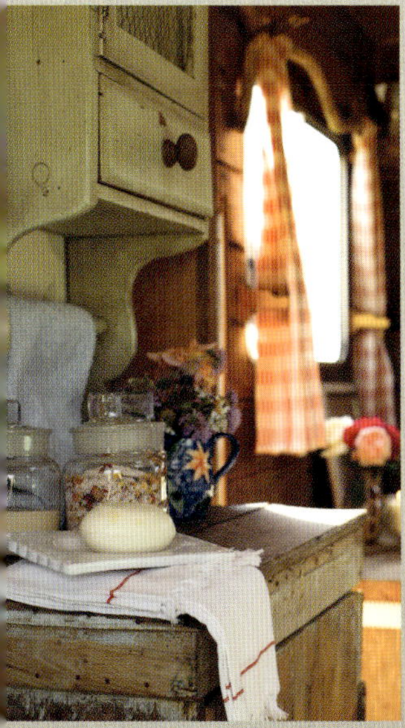
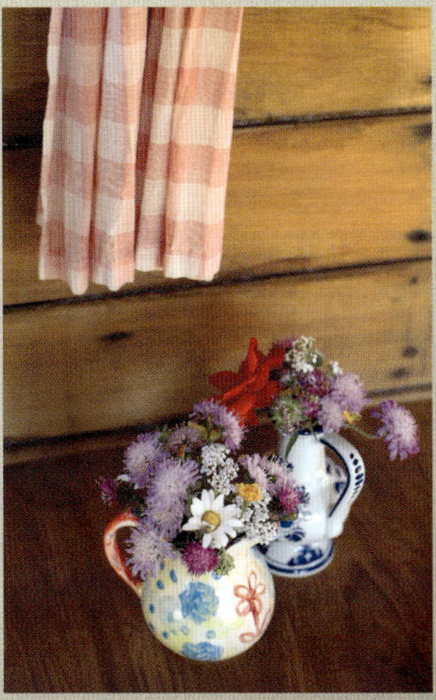
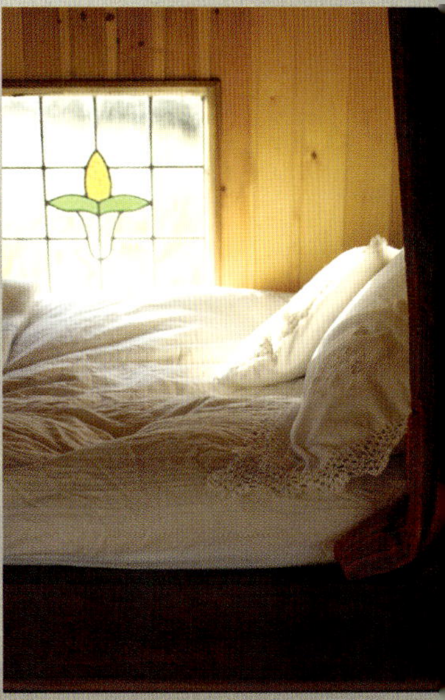

ロアルド・ダール号
roald dahl

作家ロアルド・ダールの有名な児童文学『ダニーは世界チャンピオン』のアイデアと舞台設定は、この鮮やかな青色のジプシー・ワゴンから生まれた。物語のなかで、ダニーと父親は「大きな車輪がついた、鮮やかな模様で彩られた本物の古いジプシー・ワゴン」に暮らしている。現在もこのワゴンは作家が後半生を過ごした自宅の庭に置かれ、ツリーハウスの下に佇んでいる。

もともとはダールの姉が1950年代に買ったもので、ダールは1960年に姉から買い取った。おもに子どもたちのプレイハウスとして使われ、のちに孫たちのものとなった。だれからも愛されてきたにちがいなく、いまも汚れ一つない状態に保たれている。
　キャラバンは、べつに長い距離を走らなくても、たとえその場から一歩も動かなくてもいいのだ。このワゴンのように、たとえ住居の敷地内に置かれていても、そこはいつでも別世界である。
　　　　（イギリス、バッキンガムシャー州在）

style notes

　車体に手の込んだ装飾をほどこし、室内にも凝ったインテリアを散りばめたこのワゴンは、人びとの想像力をかき立てる、現実ばなれした別世界のようである。
　"おとぎ話"を思わせる空間では、人は夢を見たり、心を解放したり、ものを書いたり、読書をしたりする。目移りして集中できなさそうに思えるが、そうではない。上質な作りと装飾ペイントは、シンプルな生活必需品——室内に置かれたブリキのマグ、野の花を生けた飾り気のないガラス瓶、愛らしい素朴なカーテン——によって引き立てられ、心を解放する空間が生まれている。

フランク号
frank's

　このキャラバンの詳しい来歴はわかっていない。現在の持ち主であるフランク・ボクリングは、テント・キャンピングが流行らなくなってきたころ、友人からこれを買い取ったという。

　聞くところによると、これは第2次世界大戦時、車の車台（シャーシ）に装備されていた飛行機の機体の一部であるらしい。あとから付け足したフェルトの屋根、小さなポーチ、出窓といった個性的なパーツが、これを世界に類のないユニークなキャラバンに仕立て上げた。フランクがこのことを実感したのは、あるフェスティバルに参加したときである……。

「ある年、これを連れて〈グッドイヤー・リバイバル〉に行ったら、とんでもない注目を浴びた。もう疲れ果ててしまって、次々と飛んでくる質問から逃げようと、その場を離れて散歩に出たんだよ……」
　フランクは笑いながら続けた。「で、車に戻ってきたら、ドアの下に封筒が挟まれていた。開けてみると、このキャラバンの修理の過程を写した写真が何枚も入っていたんだ。電話番号が添えてあったけれど、今日の今日まで、電話をしても誰も出たためしがない。だから誰がこいつを造ったのか、いまも謎なんだよ」（イギリス、ウェストサセックス州在）

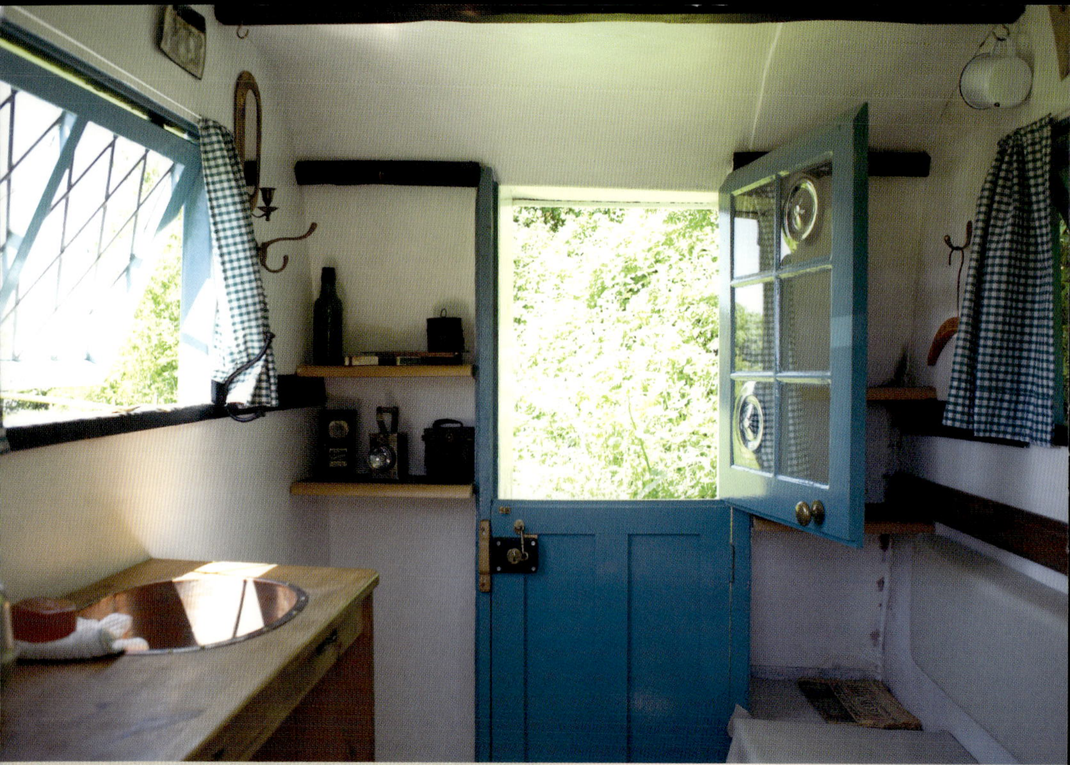

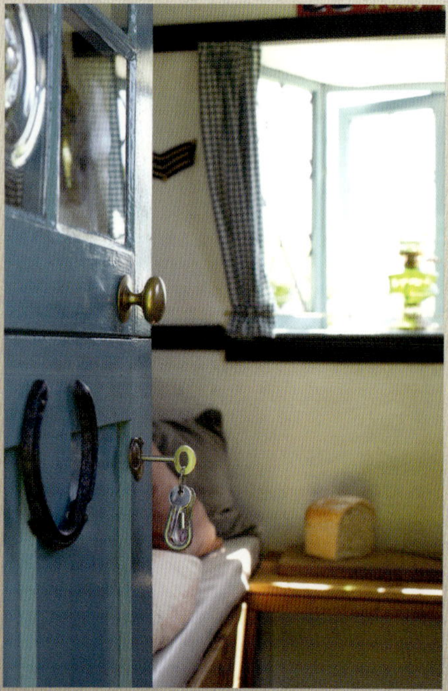

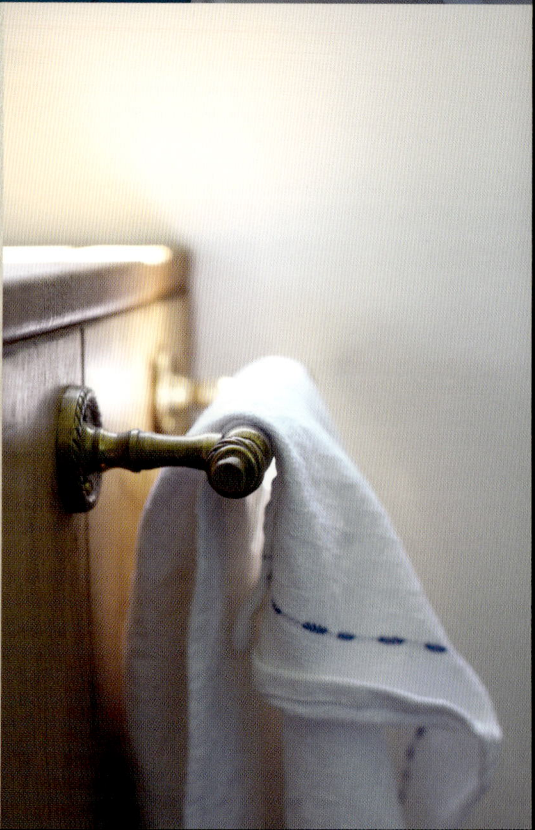

style notes

　魅力的でシンプルな空間は、何の変哲もない、しかしフランクの人生の歩みを物語るさまざまな品であふれている。
　取るに足りないものかもしれないが、フランクにとっては大切な品々だ——古い制服の真鍮ボタン、端がすり切れたフェルト製の軍曹の袖章、マッチ箱を入れた古い箱、粗織りのブランケット……。
　ここを唯一無二の空間たらしめるものは、こうした品々がもつ実直さであろう。

古い羊飼いの小屋
old shepherd's hut
イギリス製

　この羊飼いの小屋は、1950〜60年代にドーセット州で狩猟場の番人の仕事をしていたジョン・ピアースが使っていたものである。
「電気式のヒーターが普及する前、狩猟用の鳥はめんどりに抱かせて孵化させ、育てた。卵から孵ると、ひな鳥とめんどりを飼育場にある鳥小屋に入れるんだ」と言ってジョンは続けた。「狩猟場の番人小屋は、飼料やその他の必要な道具を積み、野原を引っ張って移動した。中に寝台があるのは、天敵から鳥たちを守るために、昼も夜もつきっきりで見張っていたからさ」

2回に分けて卵を孵化させたあと、ひな鳥の飼育は5月から、独り立ちする8月まで続いた。「長期の仕事だから、テント暮らしではもたない。私たちにとって羊飼いの小屋は家だった。狭いけれども、満足だったよ」　　　　（イギリス、ドーセット州在）

style notes

　これ以上にシンプルな生活はない――体を横たえ、悪天候から身を守るための場所にあるのは、わずかな実用品だけ。丹精こめた丁寧な修繕を経て、小屋はもとの木材のまましっかりと、配慮の行き届いた空間に修復されている。塗装も全体の佇まいと雰囲気によくなじみ、絶妙な味わいを醸している。

新築・羊飼いの小屋
new shepherd's hut
2000年代 イギリス製

「妻と私は、ある古い羊飼いの小屋が大好きだった。それは自宅から数キロ離れた丘の端っこにあった」
　この小屋の持ち主リチャード・リーは回想する。
「羊飼いの小屋ってのは、どれもぽつんと草っ原に佇んでいた。もはや忘れ去られようとしているがね、それは田園に暮らす者にとっては風景の一部だった。どの小屋にも、村人たちが語るそれぞれの歴史がある。地元の人にとっては、羊の番をするため丘を牽かれていく小屋の記憶や、子どもの頃に農場に置き去りにされた小屋にもぐり込んで遊んだ思い出があるだろう」
　そしてリチャードはこう言葉をつないだ。
「2000年のある日、私たちのお気に入りの小屋がトラックに積み込まれてどこかへ行ってしまった。

もっとあの小屋のことを調べておけばよかった、と悔やんだものさ」
　そのあと２人は、自分たちの小屋を自らの手で作ることを決心したという。
「ドーセット州西部の農家から古い車輪付きの台車を買い求めてね、ウィルトシャー州の古い鋳物工場から手に入れた昔の設計図をいくつも参考にしながら、こつこつ作り始めたんだ……。いまは時間の許すかぎり、この小屋で過ごしているよ。ドアの向こうに沈む夕日を愛で、池の水面をかすめて飛ぶツバメを眺めることに勝るものは、そうあるものではないね」
　　　　　　　　　　　（イギリス、ドーセット州在）

style notes

　新築なら、羊飼いの小屋は自分好みにつくることができる。この小屋は、古くから知られるドーセット州の湿原にある草地に置かれている。トーマス・ハーディの小説『狂おしき群をはなれて』にも描かれている美しい一帯だ——"川は音を立てずに滑らかに流れ、湿った川べりには生い茂る葦と菅(すげ)が柔らかな柵をつくっていた。"

　小屋は素朴な聖域のようで、実はぎにした凹凸のある壁、オーク材の床を使い、ゲスト用の心地よいソファベッドもある。薪ストーブの脇に積まれた薪と、使われるのを待っているかのようなケトル。

　ここを特別な空間にしているのは、馬蹄、水彩画のポストカード、ろうそく灯などの思い出の品々だ。小屋の魅力にうってつけのすばらしい環境に設けられたこの空間には、シンプルな居住性のほかは何も要らないのである。

trailer park treasures
トレーラーパークの宝物

　すべての階層の人が喜んで訪れ、その時代に絶大な人気を誇った有名人も利用したトレーラーパーク（トレーラーハウスを停めて生活ができる専用の広い敷地）は、1950年代に深刻化した住宅不足を解消するものと期待されました。

　1950年代初頭、アメリカの俳優ビング・クロスビーは、最新流行の優雅なトレーラーパークをつくるため、資金繰りと設計に勤しんでいました。そして1955年、カリフォルニア州パームスプリングスにほど近いランチョ・ミラージュに〈ブルー・スカイ・ヴィレッジ〉が開設すると、ハリウッドから友人たちが訪れてはその事業を讃えました。パームツリーが連なる一帯の道路には当時の映画スターの名前がつけられ、手入れの行き届いたいくつもの区画に、派手に飾り立てたキャラバンが並びます。トレーラーパークの未来はバラ色に見えました。

　ところがそれから数年もすると、キャラバンの買い求めやすさが災いして、トレーラーパークは休暇を過ごす優雅な場所ではなく、低所得者層の居住地とみなされるようになり、人気は衰退しはじめます。数々の華麗なキャラバンは、理想に燃えた先駆者たちの夢とともに静かに姿を消したのです。

　しかし、ひとたびアメリカの大衆文化に深く浸透したものは、何らかの形でその遺産が生き続ける運命にあるようです。そう、現代の〈トレーラーパーク・スタイル〉です。

　人気が復活したことにより、引退していた多くのキャラバンは修復され、1950～60年代風の派手でカラフルなデザインをほどこされて、ショーイベントに戻ってきました。光沢のあるアルミニウム、横縞模様のパネリング、装飾ペイントなどで飾られた派手な車体と、それに負けじと凝った室内——トレーラーパーク・スタイルは、居心地を追求するのではなく、デザインで個性を表現するものです。この開放的なスタイルは、色や素材からお気に入りのモノまで、何でも自由に楽しむことができるでしょう。

ハムの缶詰め
canned ham
1954年 アメリカ製

クラシックカーを愛し、とはいっても布製テントでのキャンプはごめんだというスティーブ・クームスは、自分だけの粋なキャラバンを探すことにした。「改造車やクラシックカーのショーに何年も通い、テントで眠る夜を過ごした。キャラバンを買うためにだよ！ 僕たちはとにかく1940〜50年代のモノが大好きで、はじめはイギリス製のキャラバンを買うつもりだった。だけどアメリカの"トラベルトレーラー"をいろいろ見てまわるうちに、これしかないと思ったんだ」

スティーブは入手の顛末をこう語った。「2006年の8月、僕たちはこれをインターネットのオークションでカリフォルニア州のサンタローザから買った。1954年製のカーディナル・トラベルトレーラー（Cardinal Travel Trailer）で、その形から〈ハムの缶詰め〉と呼ばれているよ。どこも手を加えていないオリジナルのままだったけど、買ったときはひどい状態だった。車体を磨き、塗装をはがし、窓ガラスを交換し、当時の布地やインテリアを集めて……いまの姿にするのに、やらなくてはいけないことが山ほどあったよ。2007年からは、休暇をつかってこれで国中のショーに出かけている。1940年代製のダッジ・ピックアップトラックで牽引するんだけど、見た人は僕たちと同じくらい気に入ってくれるみたいだよ」

（イギリス、オックスフォードシャー州在）

style notes

　2人はこの打ち捨てられていたキャラバンを、オリジナルの姿に修復して使うつもりだった。こうした計画に大切なポイントは3つある。作業の止め時を知ること、質の高い修復作業をすること、オリジナルの色、風合い、素材をしっかり見きわめること、だ。

　結果は完璧だった。必要に応じた修復がおこなわれ、念入りな下調べをして似合いの品々が買い求められた。たとえば、張り直した椅子のビニールカバーの完璧な風合いや、クッションを包む古いバーククロス（樹皮布）の色。2人は行き過ぎを抑え、この空間にどういうものがあるべきか、すばらしいビジョンを描き出すことに成功したのである。

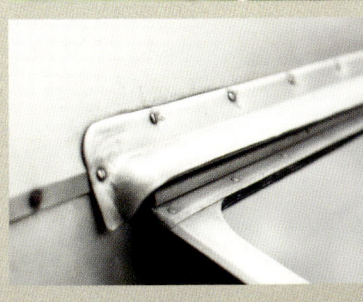

ぴっかぴか号
avion 1961年アメリカ製

　この1961年製の〈アビオン〉は、テキサス州の野原に捨て置かれていた。タイヤはヒメモロコシの雑草でおおわれ、車体には誰かが手当たりしだいに撃った銃痕があった。ミュージシャンでアーティストのサム・ベイカーが「売り出し中」のサインに目をとめなければ、そのまま悲しい運命をたどっていただろう。

　「販売業者に、どうしてこんなのが売りに出てるの？ と聞いてみたんです」とサムは前置きして言った。「話によると、持ち主はもう使わないので、これ以上ひどい仕打ちをされる前に安全なところへ行ってほしいと願っていました。販売業者は、盗難車じゃないし、その証明書もあると……」

　サムはすぐさま現金取引を申し出て、アビオンは彼のものになった。

　「〈シャイニー（ぴっかぴか）〉（というのが愛称。その理由は明らかだ）は、何年も根を下ろしていた野原を離れるのをいやがったよ」とサムは続けた。「何度も試みて、やっと雑草から引きはがしてこの森の中に移動したんだ。ここに来られてよかったよ、もう誰も彼女を撃ったりしないからね」

　　　　　　　　　　　　　　　　　　　　　　　（アメリカ、テキサス州在）

style notes

　キャラバンの旅の醍醐味の一つは、プライバシーを守りながら（キャラバンが守ってくれる）アウトドアライフを楽しむ静かな場所を探すことにある。

　過酷な半生を送ってきたこのアビオンの安らぎの地は、サムの自宅の敷地内にある木々に囲まれた一画だ。サムは年代物のロールトップ型のバスタブを手に入れて配管をし、再生木材でウッドデッキをつくって、この自分だけの場所をつくった。

　ユッカの木、アンティークの赤い椅子、クラシックな卓上扇風機（テキサスの夏は身を焦がすほどに暑い）も雰囲気を盛り立てている。南西部らしい雰囲気、一日の仕事を終えたあとのくつろぎ、そして長い旅をしてきたキャラバンとその持ち主がこれ以上にない安住の地を見つけたことが伝わってくる。

愛しき我が家
carefree commander
1958年 オーストラリア製

　この素敵なキャラバンは、1958年、ケアフリー・キャラバン社がオーストラリアのヴィクトリア州で製造したもの。現在の持ち主ジョン・バークは2008年に入手すると、まず車体を塗り直し、星模様を散りばめてレトロな雰囲気に仕上げた。「内装はとてもいい状態だったけれど、少し手を入れた。こいつを気に入っているのは、過ぎ去った時代のシンプルな暮らしを象徴しているから。僕にとって、これは我が家なんです」とジョンは言う。
　窓に貼られたステッカーから想像すると、この〈ケアフリー・コマンダー〉はこれまでに国を何周もしている。それでもジョンは、「まだまだオーストラリア一周旅行もできるよ」と自信たっぷりだ。
　「最近のキャラバンと機能は同じで格安。しかも、みんなが振り返るんだ！ 1976年製のホールデンで引っ張っているから、まさに"オーストラリア御一行様"だよ」

（オーストラリア、ヴィクトリア州在）

style notes

　室内は、狭い空間にがらくたを整然と配置することのお手本のよう。決して退屈な部屋ではない――ビールのラベルとコースターは天井を埋め尽くしているだけように見えるが、きれいな横並びのラインを形成していることがポイントである。

　よく見ると、それぞれの大きさも考慮して、小さなラベルは両端を、大きなラベルは中央をそろえて配置してある。その効果は絶大で、キャラバン全体を整然とした雰囲気に包み、同時にこの若い持ち主の思い出を語り継いでいる。

50年代の翼
shasta アメリカ製

シャスタ社は、60年以上にわたってキャラバンとトラベルトレーラーを製造していた。1941年からアメリカ軍用のキャラバンをつくりはじめ、1950年代半ばにはアメリカ中でキャラバンが大流行する。性能がよく低価格なシャスタは、アメリカでもっとも人気のあるブランドの一つとなり、生産が追いつかないこともあった。

スタイリッシュな車体と内装が評判で、車体の両サイドを飾る翼と派手なストライプ・カラーといえばシャスタ、といまも広く知られている。この大胆なスタイルは1950年代後期に導入されたものだ。

残念なことに、20世紀後半の50年間は、シャスタはさよならも言わずにそのブランド名とともに消え去ったかに見えた。ところが2008年、シャスタは再び姿を現わした。最先端のインテリアとあのトレードマークの翼とともに、レトロでありながらも現代的なシャスタ・エアフライトが甦ったのである。

（サラ・ジェーン所有、イギリス、ハンプシャー州在）

style notes

車体を飾るSFチックなフィン、赤と白のジグザグ模様、ルーバー窓——明るく楽しげな雰囲気のシャスタである。タイヤの付いた食堂みたいなこの車体には、内装もそれにふさわしいものでなくてはならないだろう。

鮮やかな色彩を用い、ドアには異国風の花輪を飾り、テーブルには〈ナッシュ・メトロポリタン〉などお洒落なクラシックカーのミニチュアを飾り、古い食堂の看板を掛けたりして……。

懐かしのスタイル
jewel 1957年 アメリカ製

イギリスへと運ばれるために、この1957年製の〈ジュエル（Jewel）〉はいちばん近い輸出港のあるオレゴン州ポートランドまで1600キロの道のりを旅した。クリフ・パドックと彼の家族が、古いアメリカ製を専門に扱うティン・イン・トラベル・トレイラー社からこれを買ったのは3年前のことだ。

「1967年製のフォード・ムスタングに似合うキャラバンがほしかったんです。ジュエルは最高のパートナーだよ」とクリフは言う。「イギリス製のキャラバンも何台か持っていたけれど、僕たちはアメリカン・スタイルのほうが好きなんです。他にはない、あの雰囲気と奇抜さがたまらなくてね。1952年製のエアストリーム社のフライング・クラウド（Airstream Flying Cloud）を売って、これを買いました」

その使い途についてクリフはこう語る。「家族で乗って、いろいろなアメリカのショーを見るために国中を走り回っています。子どもたちもこれが大好きで、人との出会いもあるし、とにかく楽しんでいるよ」

（イギリス、ハンプシャー州在）

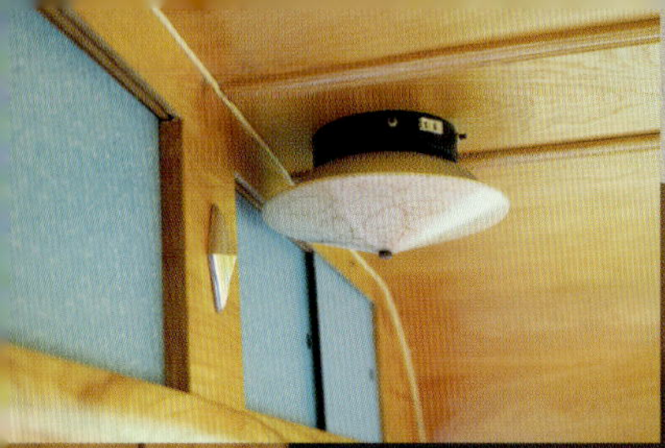
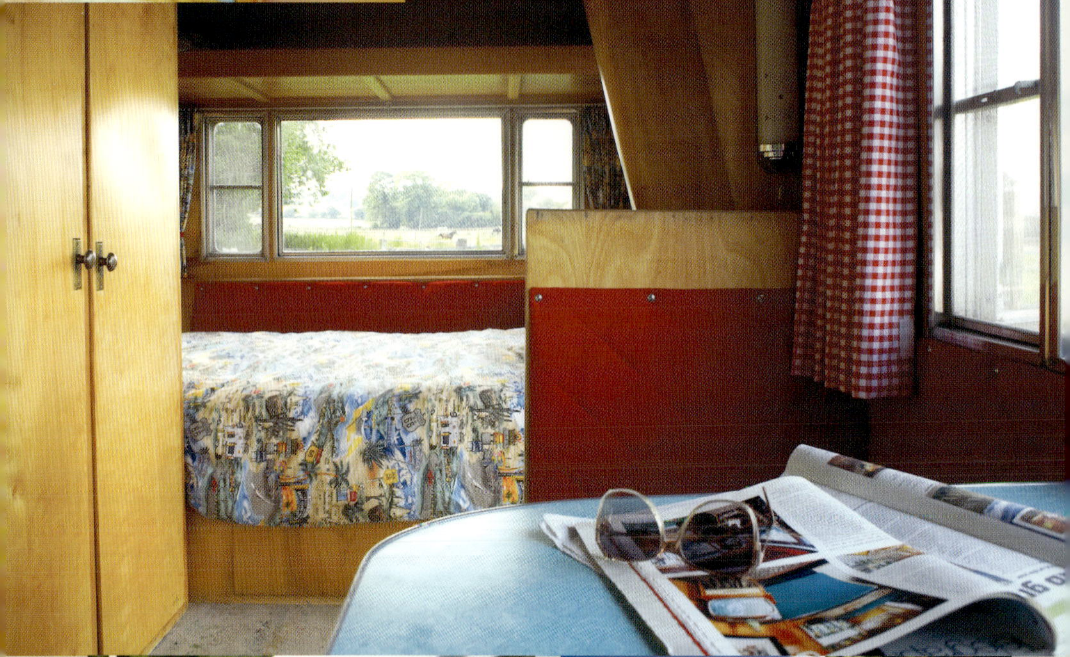
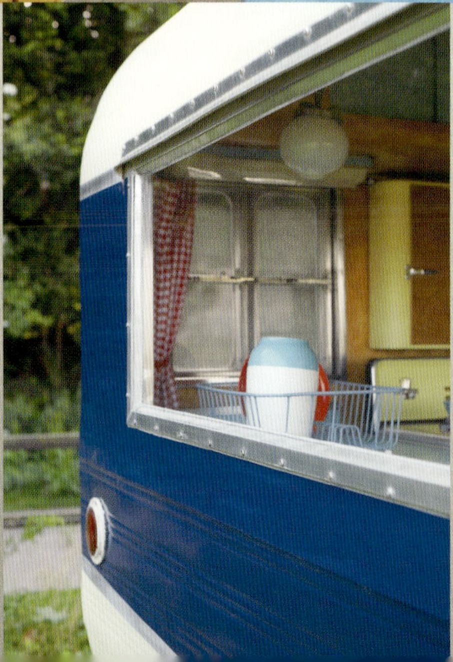
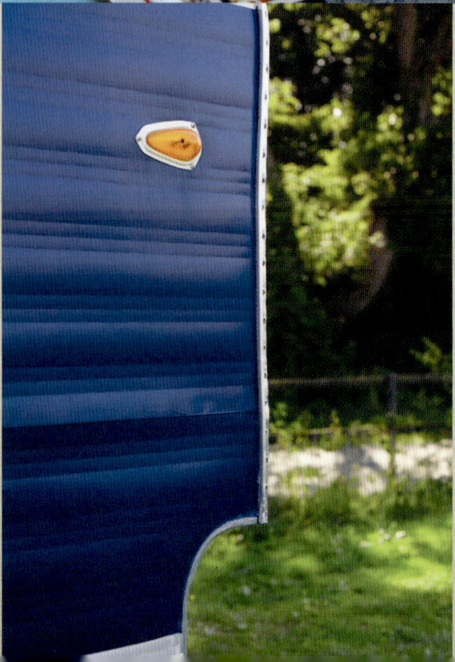

style notes

　色彩と造形の絶妙な組み合わせが雰囲気をつくり出している。オリジナルの調理器と冷蔵庫の明るい淡黄色、調理台とテーブルの薄青色は、1950〜60年代のハッピーな雰囲気を伝えているようだ。絵に描いたような明るく陽気な暮らしが思い起こされる空間である。

　鍋などの小物も同じ色合いで懐かしいデザインを選び、ギンガムチェックのカーテンやメラミンの食器で赤味をプラス。こうして当時の現代性と活気を賛美する空間ができ上がった。

手作りレプリカ
teardrop

「状態のいいオリジナルの〈ティアドロップ〉は……いや、僕の好きなスタイルのキャラバンは、この世には存在しないんです」とポール・アトキンソンは言う。「ずっとほしかったけれど、どうしても見つからない。何年も探しつづけたあと、自分で作るしかないと思ったんだ」

ポールは作業に数年をかけ、3度の夏が過ぎた。そして、1940年代アメリカ製ティアドロップの手作りのレプリカが完成した。

「初めての旅は、〈キャラバンの旅100周年〉を記念したグッドウッド・フェスティバルに招待されて出かけたとき。フェスティバルでは、サーキットで毎朝レースの前に行なわれる余興走行をしたよ」とポールは振り返った。「いまは、おもに音楽フェスティバルに行くときに寝床として使っています。僕はプロのドラマーなんですが、ドラムセットもこれで運べるから便利。1950年代製ピックアップ・トラックの荷台に積めないときはこの中に入れるんですよ」

（イギリス、ロンドン在）

style notes

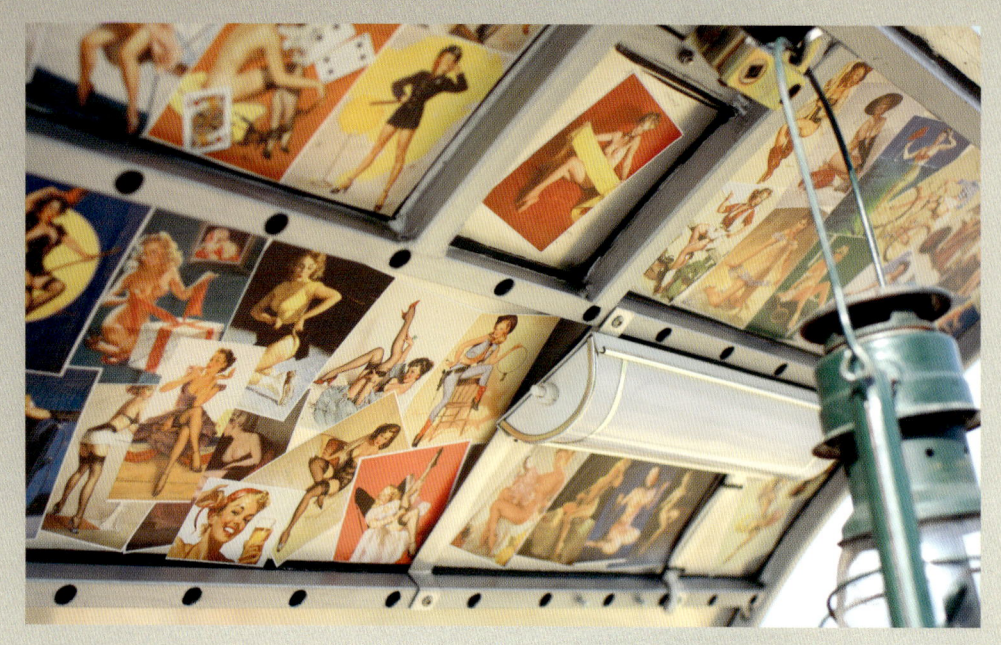

　なんともコンパクトである——幅 1.2m、高さ 1.2m、長さ 2.4m。しかし「大人２人が快適に眠れるんですよ」とパートナーのキャロラインは言う。「調理は、後ろのトランクに収めた野外キッチンでするんです」
　そのトランクのリア・ゲートの裏面には古いピンナップ写真が貼り付けてある。ポールのように昔のスタイルにこだわるのなら、どこまでその時代のモノを探し集めるかが勝負である。このティアドロップぐらい忠実に再現できれば、何もいうことはない。

british classics
イギリスの伝統

　カーライト、チェルトナム、ウィンチェスター、サファリなどのブランドは、戦後、伝説的な一級品のキャラバンとしての地位を確立しました。他の一般的なキャラバンの4倍もの価格でしたが、伝説の"ブランド"を所有するためなら喜んで大枚をはたく富裕層の市場があったのです。こうして、ブランドを誇る社は上質なデザインで市場を牽引しました。

　なかでも、"王様のなかの王様"と呼ばれたのがカーライトです。同社は研究開発に多額を投資し、優秀な社員を擁してキャラバンの新しい製造技術を開発していました。

　こうした一級品のキャラバンは、たとえば越屋根など、そのブランドを象徴する特徴的なデザインを守り抜き、流行の推移に合わせて多少のマイナーチェンジしかしていません。車体にネジ頭が見えないようにするなど、繊細な製造技術は、なめらかで上質な外観を生み出しました。これらのキャラバンは、製造コストだけでなく品質も最高級と受け止められました。

　この章で紹介するキャラバンは、どれも最高級の車体、美しい木製家具、上質な設備を備えています。内装のほとんどはオリジナルのままで、本当に必要なところしか修繕されていません。もともとの高い品質と技術を残し、修繕を最小限にとどめたことによって、これら伝説のブランドには新しい市場が切り拓かれました。カクテルキャビネット、特注の陶器、最高級のキッチン設備など、上質なインテリアを求める人びとの市場です。

　これらのブランドのなかで、現在も操業を続けるのはカーライトのみ。カーライトの人気は衰えず、良い状態に保たれたものはなかなか手に入らない逸品とされています。

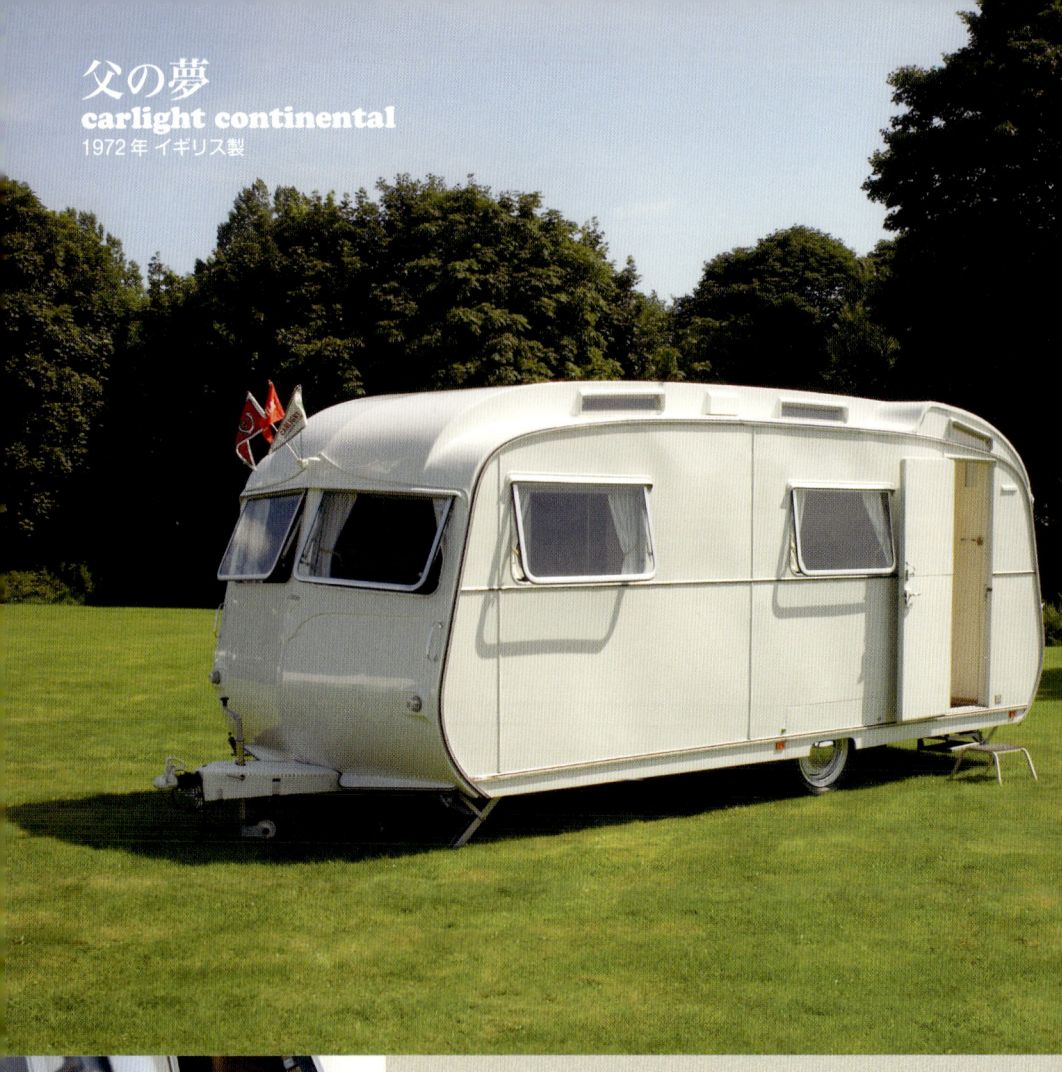

父の夢
carlight continental
1972年 イギリス製

「10歳くらいのときかな、近くのキャラバン店へ両親と一緒に〈カーライト・コンティネンタル〉を見に行ったんです」

と持ち主のデイブ・ウォレンは言った。「あんな車は見たことがありませんでした。父はずっと欲しがっていたけれど、当時は事情があって、買うことができなかった」

デイブは懐かしげに続ける。「それを僕と妻のサリーが買ったんです。出会ってすぐに僕たちは1975年製の2ベッドのカーライトを買い、娘のアリッサが生まれると手狭になったので、この1972年製を買い直しました」

デイブとサリーは、このカーライトの修繕に1年半をかけた。車体はスリーフォード（イギリス）にあるカーライト社の工場に持ち込み、オリジナルの白色に塗り直した。いまでは夏の休暇を過ごしたり、ショーや大会に出かけるのに活躍している。

「昔のキャラバンがもつ雰囲気が好きなんです。作りがとても丁寧だし、それぞれに個性がある。このカーライトを見て、父は僕たちの修繕をほめてくれました。なんだか父の夢を僕が叶えたみたいだよ」
　　　　　（イギリス、サウスヨークシャー州在）

style notes

1930年代から、高級なキャラバンにはオリジナルの食器セットが付くようになり、フル装備のキャラバンをレンタルすることも始まった。これらの食器セットは、いまはなかなか手に入れることができない稀少品である。

もちろん不朽の名ブランドであるカーライトにもオリジナルの食器セットがあり、移動中も割れないように、キッチンの食器棚は食器に合わせて作られた。木製のカクテルキャビネットも同様で、中には本物のグラスが収納されている。このキャラバンにはプラスチックのカップなどなく、やはり移動中も割れないように、グラスの脚を固定するための溝が彫られているのである。

これほどのこだわりをもって修繕されたキャラバンは、なかなか見られるものではない。室内には弾力性のある下敷きの上に最高級のウィルトン・カーペットが敷かれ、塗装は汚れ一つなく、室内装飾の布地も一級品。ここには流行への迎合はなく、ただこの名ブランドの味わいと、キャラバンそのものがもつ気取りのない質の良さだけがある。

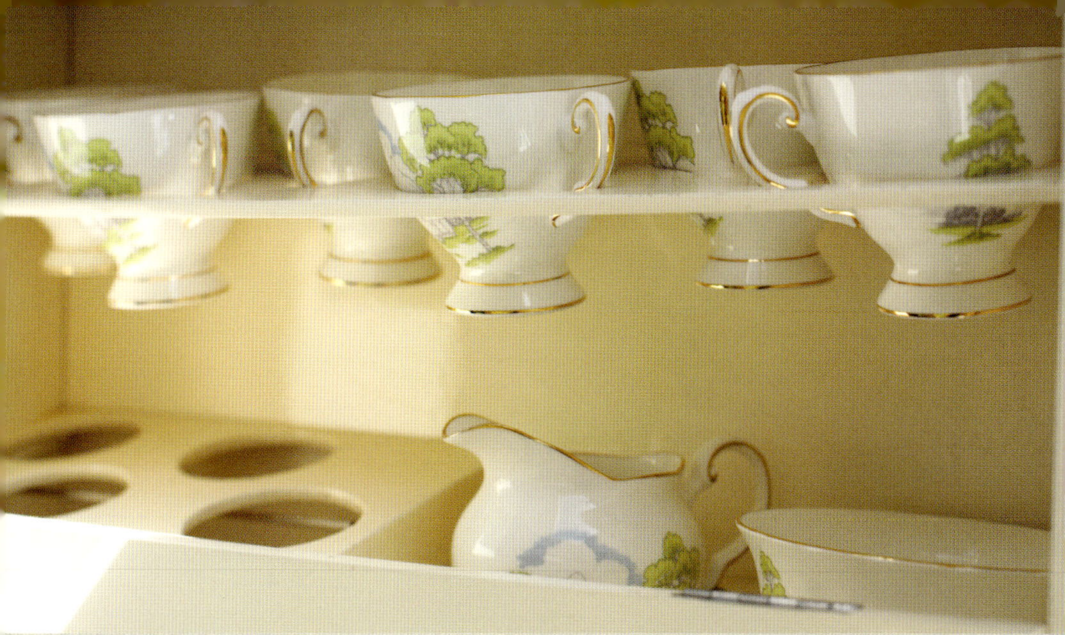

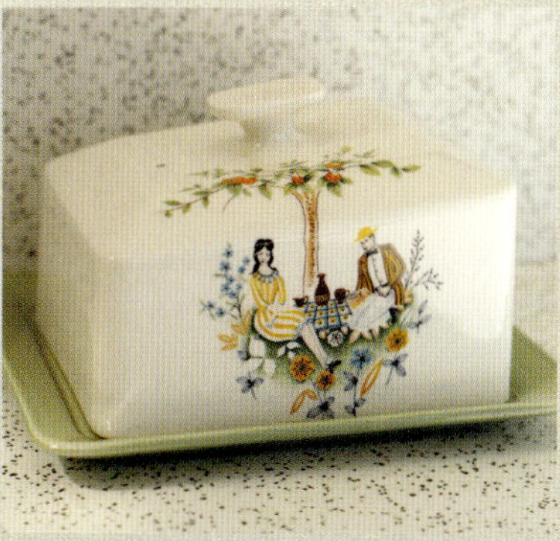

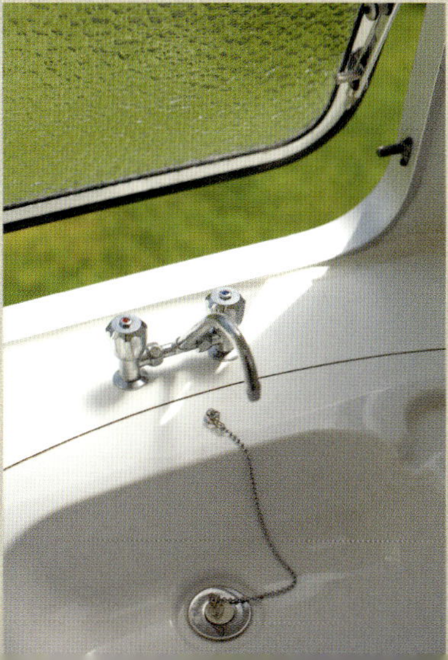

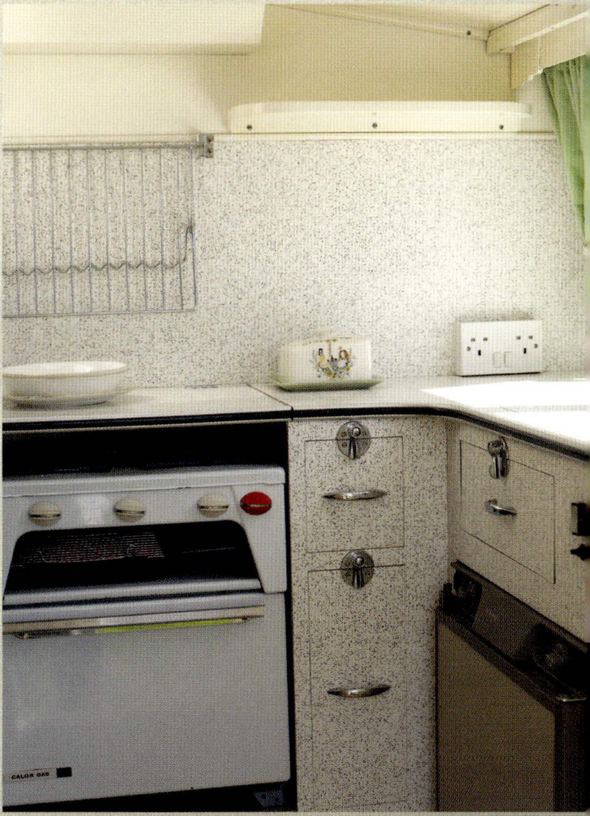

王室のキャラバン
the royal caravan
1955年 イギリス製

　　　　1955年、イギリスの〈キャラバン・クラブ〉が幼いチャールズ皇太子とアン王女に贈ったキャラバン（のようなもの）。王室の子どもたちの遊び場として贈られたものだが、キャラバンとしての実用性もしっかり備えている。キャラバン・クラブの後援者でもある父親のフィリップ殿下は、これが運び込まれたあと、ヒルマン・ハスキーでほんの少しだけ牽引してみたそうだ。
　　　　このキャラバンは通常の1/3のサイズで、1950年代当時の有名メーカーだったイギリスのロールアロング（Rollalong）社により、伝統的な製法でつくられた。その後いく度か改装されており、いちばん最近では、クラブ創設100周年に合わせて、2007年に同社の技術者たちが全面改装をほどこしている。現在は、ハンプシャー州ビューリーにある国立自動車博物館の人気展示物となっている。
　　　　　　　　　　　　　　　　　（イギリス、ハンプシャー州在）

style notes

　おもちゃのミニチュア・キャラバンだが、性能は本物と同じ。調理器は使えないものの、シンク、オーク材の書き物机など、ほかの設備はすべて使用可能だ。空間を彩るのは、タータンチェックのブランケット、クッション、古ぼけたテディベア——いまここに足りないのは、子どもたちとその想像力だけである。

動く大食堂
safari 14/2 1979年 アメリカ製

「確立されたスタイルは、決して流行遅れになりません。どこへ行っても、このサファリには人が集まってくるんです」とキャロライン・ロングマンは言う。「キャラバンが好きな人からは、あれこれと質問を受けることもしばしば。人びとは車を眺め、1979年製なのにとても状態がいいことに驚きます。たいてい最後には、夫でシェフのスティーブがつくる地元の食材を使った食卓を一緒に囲むんです」

そしてキャロラインは言い添えた。
「愛情を込めて、私たちはこれを"動く大食堂"

と名づけました。最後に製造されたサファリのうちの1台だそうです。皮肉にも、サファリは出来がよすぎて、サファリ社は品質を妥協せずに利益を出すことができませんでした。このキャラバンを良い状態に保つことは、製造した技術者に対する敬意の印なんです」

　サファリは、ひと目でその品質を見抜いた人びとに選ばれるキャラバンだった。ファンにとってはどうしてもほしい1台だったのである——たとえ牽引する持ち主の車に合わせ、車体のアクセントカラーが塗り替えられていたとしても。　　　　　（イギリス、ハンプシャー州在）

style notes

　室内の家具に張られた布地を見てぞっとする人もいるかもしれないが、ここからインテリアのアイデアを得る人もいるはず。この重厚な質感と存在感のある模様は、当時は贅沢でモダンと受けとめられていた。もしも状態がよければ、これだけでも十分に見栄えがしただろう。
　布地を引き立てるために、車体と室内のアクセントカラーを使った布を足すのもいいが、やはり全体の雰囲気を決定するのはオリジナルの布地だ。
　窓辺に並ぶのは、持ち主の職業をほのめかす古い料理本の数々。表紙の写真や文字の書体が、布張りのソファ、クッションとともにしっとりとこの空間に馴染んでいる。

organic
卵のような丸み

　自然で柔らかな曲線を特徴とするキャラバンは、モダニズムへの意識的な動きの表れです。

　この章に登場するキャラバンは、いまもモダンなデザインですが、1950年代半ば——冷戦、宇宙開発競争、スプートニク号の打ち上げ、英国博覧会の時代——の製品です。戦後の混乱期が終わり、デザイナーたちは技術とデザインの未来を見据えていました。

　そのデザインはかならずしも大衆に人気があったわけではなく、とくにイギリスでは、より控えめな外観が好まれました。

　しかしいま、これらのずんぐりとした愛らしいボディは、現代的で魅力的に映ります。金型で成形されたグラスファイバー素材や広角の窓は、明るく未来的な印象を与え、従来の1950年代のデザインとはかけ離れた世界を思わせます。卵型の丸みを帯びた独特なデザインで、アルミニウムをリベットで接合したスウェーデンのSMV、みごとな曲線美のオランダのビオート（Biod）は、時代の試練を耐え抜いたのです。

繭の部屋
biod オランダ製

「僕たちも年をとり、だいぶ丸くなってきたので、穏やかな進化をすることにしたんです。バイクで旅をするキャンプから、古いキャラバンへとね」とアダム・ウィーランは微笑みながら言った。「軽量の古いキャラバンがほしくなり、こいつを手に入れました。すでに古いキャラバンは3台持っていたけれど、インターネットでこのビオートの写真を見てしまったんです……」

その外観、小ぶりなサイズ、実用的なグラスファイバーのボディは、まさにアダムの理想にぴったりだった。ところがこれは稀少なキャラバンで、さんざん探し回り、待ちに待って、ようやく見つけたのだという。

「オランダのオークション・サイトをまわり、輸送や言語の壁を乗り越えて、手に入れるのに3年もかかりました。いまではなくてはならない生活の一部です」

（イギリス、ミドルセックス州在）

style notes

　丸みのある曲線型の車体で、室内は繭の中にいるような居心地。しかし窓の輪郭も曲線で、おまけに壁にも丸みがある。どうカーテンをつけるかなど、悩みもいくつかあった。
　カーテンは、ワイヤーを窓の幅いっぱいに取り付けることで解決。車体の丸みが車内を彩る品々とも調和して、安心感のある心地よさが醸しだされている。アンティークの食器とメラミンを塗り直したテーブル、明るくモダンな色とりどりの小物など、すべてがこのキャラバンの進化的なデザインに調和している。

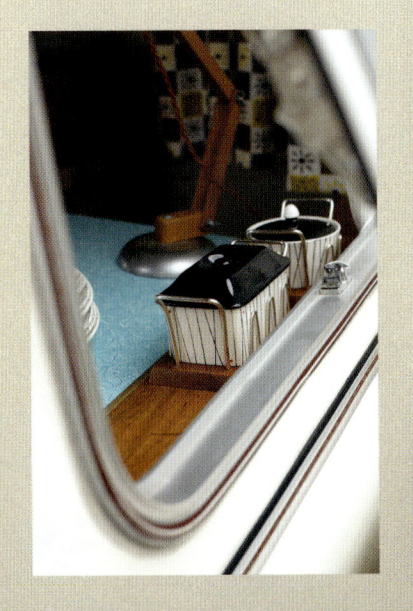

優雅な流線型
willerby vogue
イギリス製

　ある年の冬、ピーター・ジョリーはキャラバンを探していた。ただし、大切な条件が一つあった。愛してやまない1950年製のランドローバー・シリーズ1──〈リンディ〉と呼んでいた──によく似合うものであることだ。
　ピーターは手を尽くして数か月も探しつづけ、結局この〈ウィラバイ・ヴォーグ〉を家のすぐ近くで見つけた。しかし、残念ながら状態はひどく、修理が必要だったという。「ありがたいことに、軍隊で整備士をしていた友人がいた。プライドと良心にかけて、僕たちはこの稀少なキャラバンを生き返らせることにしたんです」
　ピーターは続けた。「車台（シャーシ）もかなりの修理が必要だったし、何よりも車体のグラスファイバーの修復はひと仕事でした。家族や友人にミシンでクッションを縫ってもらい、棚の修繕は近所の職人に頼みました。思っていたよりも大変だったけど、やってよかったよ。もう一度同じことをする自信はないけどね」

（イギリス、ノーフォーク州在）

style notes

　こんなにも稀少で美しい1台を手に入れたなら、その幸運に応える方法はただ一つ——できるだけ本来の姿に近づけるよう修理し、インテリアを復元することだ。

　このウィラバイは、9か月をかけて修復がおこなわれた。細部へのこだわりと創意工夫の妙は、見てのとおり。ガスランプは電気式に替わり、室内も車体もきれいに再生された。調理器もシンクも元のままだが、成形グラスファイバーでつくられた食器棚にかぶせた扉は、オーク材のものに新しく作り替えている。美しいだけでなく、保存する価値のある1台はこうして完成された。

職人の逸品
smv-10
スウェーデン製

レトロなキャラバンを修復するのなら、技術的な知識があるにこしたことはない。この〈SMV-10〉はまさにそんなケースである。

職人であるエドワード・ダヴィッジは、その技術を生かしてヴィンテージのシトロエンを何台も修理してきた。クラシック・カーの愛好家が次に手をかけたかったものは、もちろんキャラバンである。

「この愛らしい形に惚れたんですよ」とエドワード。「こいつを牽引するシトロエンにもよく似合うしね」

手に入れたときの状態はまずまずだったのだが、エドワードはそれで満足はしなかった。室内の設備をすべて取り払い、こだわり抜いたインテリアに一新することにしたのだ。
　エドワードは最後にこう付け加えた。「キャラバンを持つことは、創造的な道楽です。こだわりをもってアクセサリーを集めることも大切だよ」
（イギリス、ロンドン在）

style notes

　手軽に新しいモノを買ってすませるのではなく、本当にやりたいことがイメージできれば、見返りは大きい。

　車内を改装していたとき、エドワードは、ふと友人が持っていた2枚の古いキッチン・カーテンに目を留めた。オレンジと黄色の車内によく似合いそうな色と雰囲気だった。それは有名なヴィンテージの布地——1964年にインテリアショップのヒールズが扱った〈ウォーター・メドウ〉だったという。リバティのテキスタイルも手がけたコリーン・ファーのデザインだ。

　このイメージは、鮮やかなタイルを貼った1960年代製のスタッキング式コーヒーテーブルにも貫かれている。インターネットで見つけ、がまんできずに買ったそうだ。

silver bullets
銀色の弾丸

「シルバー・ビュレット」とは、このアメリカン・デザインの象徴をさす言葉です。たとえその言葉しか知らない人も、キャラバンに興味がない人も、〈エアストリーム（Airstream）〉と聞けばあの現代的な形と銀色のアルミニウムのボディを思い浮かべるでしょう。

　エアストリームは1930年代に誕生しました。航空機のモノコック構造を取り入れた製法で、たしかに機体によく似ています。ボディのデザインには、飛行船、汽車、車という当時の画期的な乗り物への敬意が込められていました。

　エアストリームが世界に名を知られるようになったのは、1969年のこと。人類初の月面着陸に成功したアポロ11号の乗組員が、地球に帰還後すぐにエアストリームに収容されたのです。それは宇宙飛行士にふさわしい選択でした。エアストリーム社の創業者ワリー・バイアムは、「もっと見て、もっと行動して、もっと生きる」ことを信念にしていたからです。

　数十年の間、エアストリームの車体デザインは、複数のパーツをむき出しのリベットで接合するという特異なスタイルをとってきました。同時に、時代に合わせて進化しつづけてもいます。

　そしてインテリアは、持ち主が創造性を発揮するところ。持ち主しだいでアイデアは尽きることがなく、多様で面白みにあふれている。設備をすべて取り払い、白いカンバスに絵を描くように自由につくり直す人、オリジナルの設備を慈しみ、手を入れて使う人……。こうしてエアストリームがすぐれたデザインとして生きつづけることを、ワリー・バイアムは夢見ていたのでしょうか。

時代のシンボル
custom airstream
1958年 アメリカ製

　マーク・ハッチンソンがエアストリームに出会ったのは、2002年。子どもたちと初めてキャンプに行った後のことだった。
「テントを張ったけど、穴があいていた。お決まりのように、雨が降り止まなくてね……。それでもキャンプはとても楽しくて、みんなでまた来ようと約束した。ただし、テントはもうごめんだ。そこでキャラバンを考えた。子どもたちが"レトロ"なのがいいと言ったから、VWのスプリット・スクリーンはどうだろうとインターネットで探していたら、エアストリームに出会ったんだ」
　マークが訪ねたディーラーは、エアストリームを専門に扱っていた。「それから数か月後、僕たちは長さ6.7mの1962年製サファリのオーナーになった。とても素晴らしい車で、最初は牽引するのもこわごわだったけど、しょっちゅう出かけたよ。その後、この長さ6.0mの1958年製カスタムを入手する機会があったんだ。10台しか製造されなかったうちの1台だから、他にはない味わいがある。壁に掛けたジョン・ウェインの写真を見ていると、タイプスリップしたような気分になるよ。オリジナルの設備はぜんぶそのままで、ガス器具も色の濃い木製の壁も、とても温かみがある」　　（イギリス、ロンドン在）

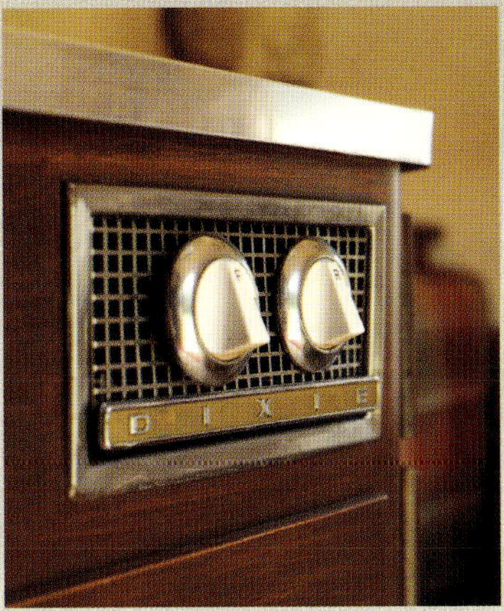
DIXIE
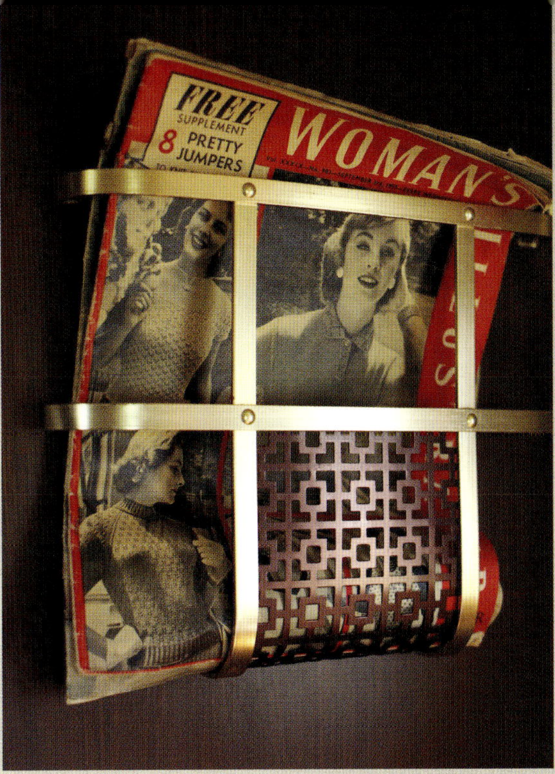
FREE
SUPPLEMENT
8 PRETTY
JUMPERS
WOMAN'S
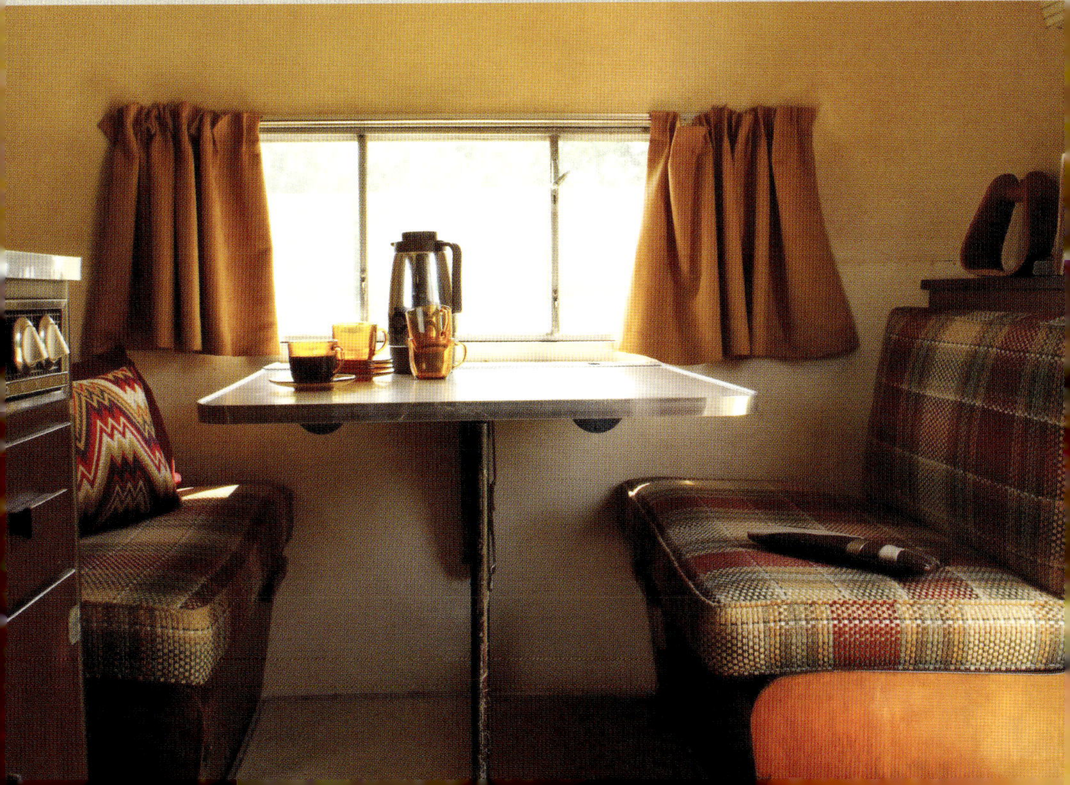

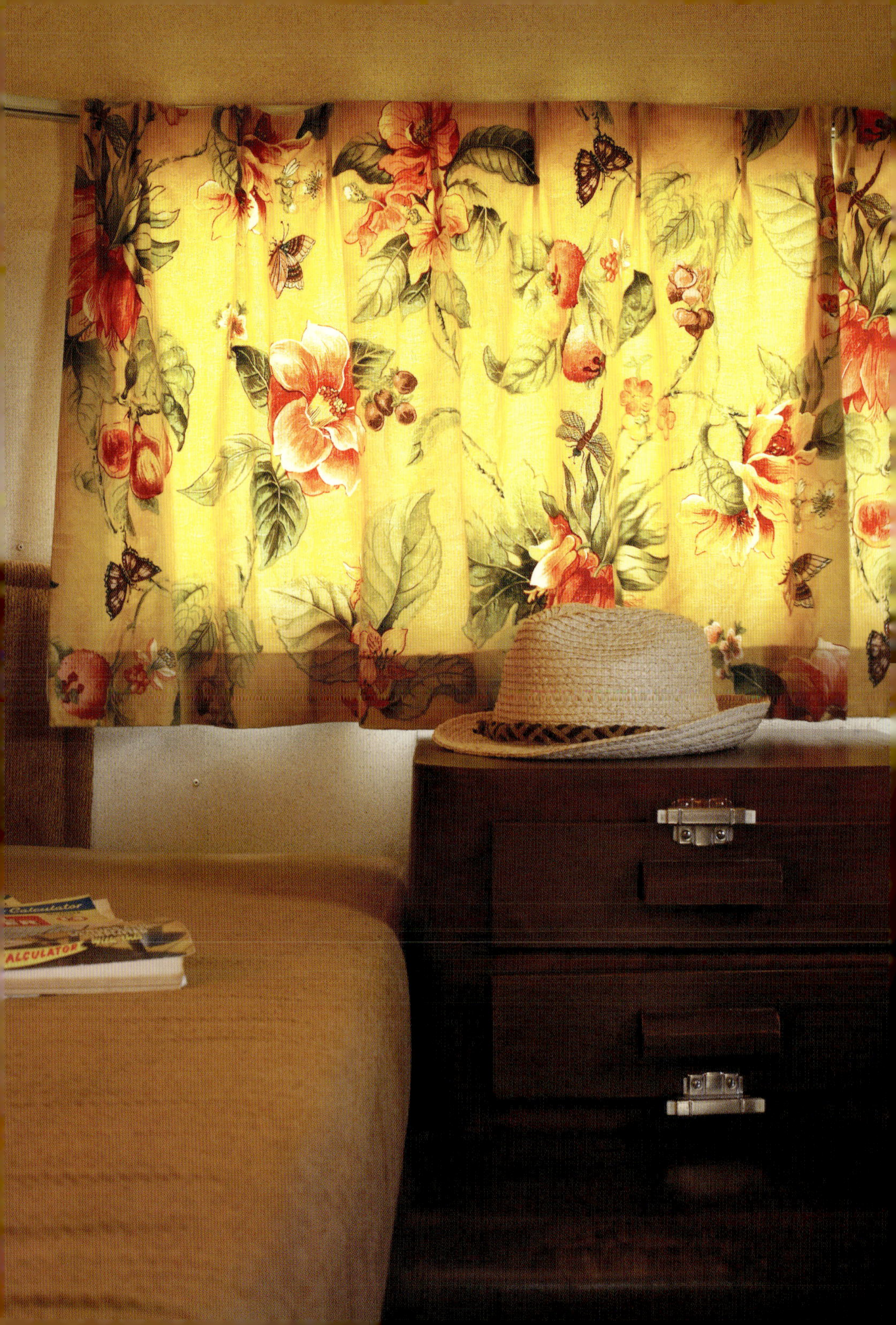

style notes

　この素晴らしいエアストリームのような、元の設備を生かせるキャラバンを手に入れる幸運に恵まれたなら、仕上げの雰囲気づくりは難しくない。

　ポイントは、製造された時代の雰囲気を伝えるモノを選ぶこと。ただし色合いや質感、デザインには流行り廃りがあるので、厳密でなくていい。

　このエアストリームでは、黄金色をした1960年代のソーダサイフォン（炭酸水をつくる器具）、70年代初期のクッションカバー、チャリティ・ショップで格安で手に入れた琥珀色のパースペックス（樹脂素材の一種）のコーヒーカップ、丸みのあるサーモスのコーヒージャグなどが、気品あるオリジナルのインテリアによく馴染んでいる。

陸のヨット
land yacht
アメリカ製

このエアストリーム・サファリの持ち主は、本書の共著者クリス・ハドンである。古いキャラバンを買う時は、あらかじめ問題点を予想しておくべきだろう。とくに遠く離れたところから取り寄せる場合は、だ。アメリカのオハイオ州で売りに出され、イギリスに住むクリスにとってはリスクの大きな買い物だった。

「写真を見て、ひと目でほれ込んだよ。リスクと見返りを天秤にかけながら、運送会社に何度も電話して、イギリスまで運べるかどうか確認した。現物を見ることなく、自宅にいながらぜんぶの手配をしたよ。

届いた別称〈land yacht〉の状態は、ほぼオリジナルのままだった。クリスは言う。
「僕は1970年代に生まれ育ったから、木調の人工ボードやプラスチック素材に愛着があるんだ。しかし妻の要望もあって、室内の男性的な雰囲気は布やアクセサリーでやわらかくした。こいつはあまり走らせず、ここに置きっぱなしで、子どもたちや犬とのんびり過ごすために使っているよ」　　　（イギリス、エセックス州在）

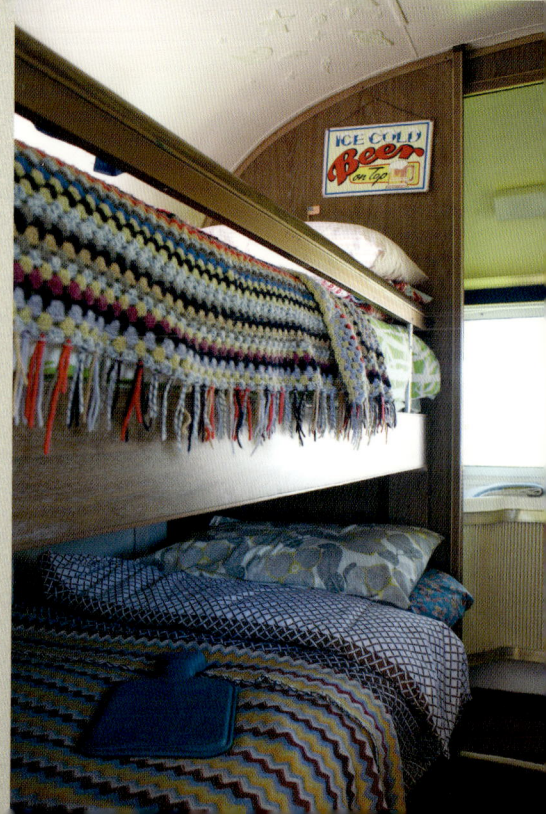

style notes

　エアストリームは車体が長いので、室内を複数の部屋に区切ることができる。このようにひと続きの空間として使うなら、何らかの方針を決めて調和を心がけるといいだろう。何もかも統一する必要はない。ここでは編み物のベッドカバーのふぞろいな縞模様に、シンク下のカーテンやソファに置かれたクッションの縞模様が馴染んでいる。

　こんな感じで調和がとれたなら、あとは自分の好みのモノを置いて楽しもう。たとえばこの個性的なピローケース、シーツ、ベッドカバーの楽しげな取り合わせは、心地よい現代のウッドストックとも呼べそうな素朴な雰囲気を漂わせている。

家族の宝物
international
1965年 アメリカ製

「私の初めてのキャラバン体験は、幼い頃のことなんですよ」とコーク子爵は切りだした。「昔、祖母がイギリス南部のパドストウ市近郊の海沿いに1台のキャラバンを持っていました。子どもだった私は、このキャンプ場で他の子どもたちとよく遊びましたが、ひたすら太陽の下で走り回っていたんで、キャラバンの記憶はおぼろなんです。両親はよくキャンプに連れて行ってくれたので、アウトドア・ライフの楽しさは知っていたんですけどね」

コーク氏には、10歳から3歳まで4人の子どもがいる。「いちばんの休暇の過ごし方は、高いホテルに泊まるのではなく、このエアストリームで出かけること。景色の

「きれいな土地に行ったり、海辺で犬と遊びながら屋外で一緒に時間を過ごしたり……そんなシンプルな楽しみがいいね」
 そしてコーク氏はこう言い添えた。
 「朝食のバーベキューのとき、6歳の息子が『父さん、こんな素敵な朝ご飯は食べたことがないよ』と言うのを聞いて、本当によかったと思った。子どもたちにはこんな思い出をたくさんつくってほしいし、それにはこのエアストリーム以上の場所はありません。長さ6.7mのこの1965年製サファリは、私の40歳の誕生日に妻から贈られたものなんです」
(イギリス、ノーフォーク州在)

style notes

　とりどりの色、素材、図柄が混ざり合った室内は、銀色に輝く現代的なボディと心地よい好対照をなしている。メキシコと、画家フリーダ・カーロをモチーフに、冷蔵庫と食器棚はカラフルな図像で装飾。ソファには多色使いの丈夫なストライプ地をあしらい、アンティークのベッドカバーだという刺しゅうのパッチワークを間仕切りのカーテンにした。強い色彩と図柄、メキシコの工芸品、メキシコやアメリカ南東部らしいカラフルな絵柄は、このにぎやかで幸せな家族のための世界に二つとないオリジナル空間を生み出している。

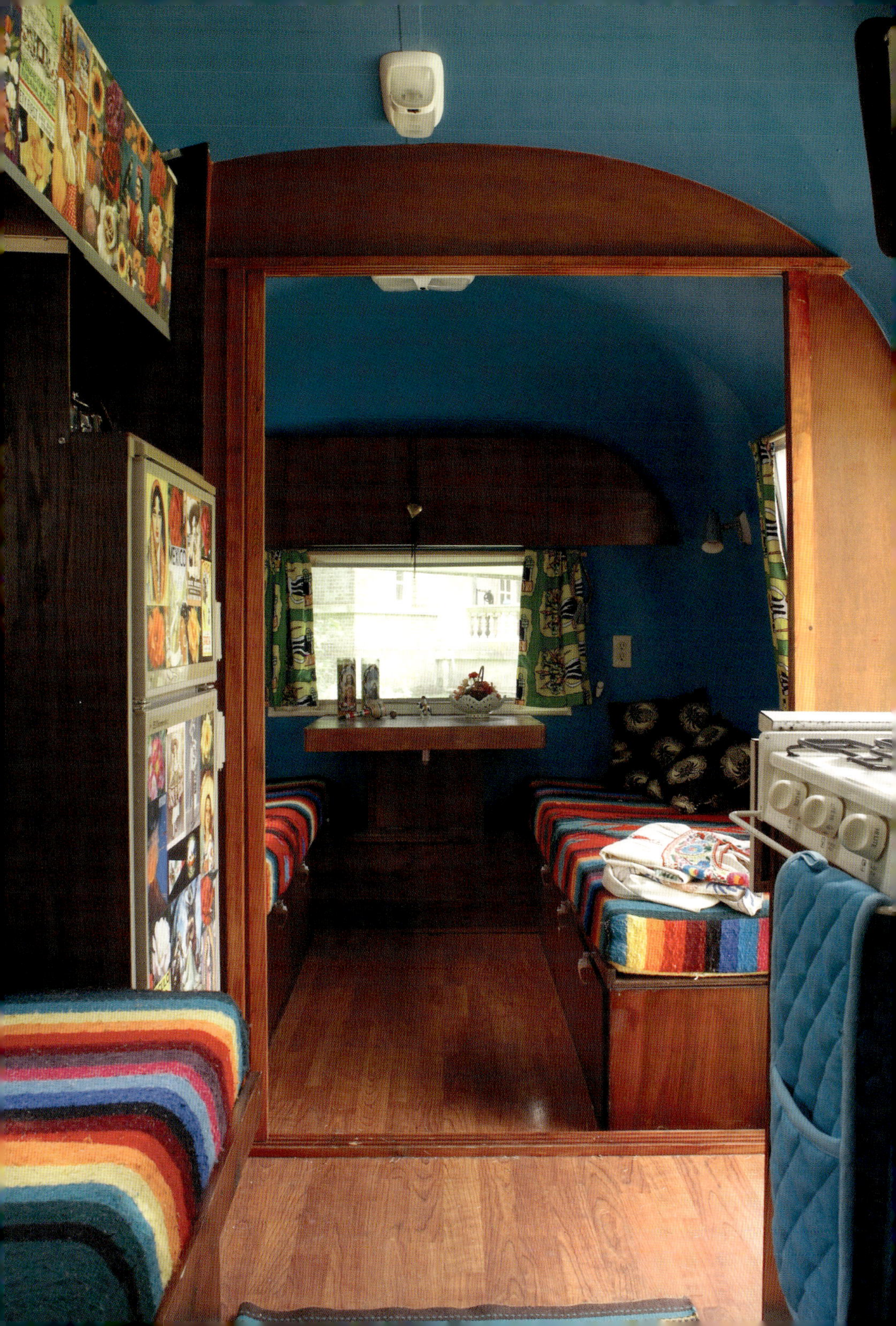
MEXICO

小粋なキャンパー
airstream bambi
アメリカ製

　ヨーロピアン・エアストリーム〈バンビ422〉は、修理工具を車に積むことなく"クール（粋）"にキャラバンの旅を楽しみたいという人のための１台だ。年代物のエアストリームと同じ味わいがあり、かつ21世紀のキャラバンにふさわしい現代性と信頼性を備えている。
　アメリカン・タイプに比べ、よりコンパクトな車で牽引するヨーロッ

パ・ユーザーのためにつくられたモデルで、ボディの大きさや重量は道路事情や規制を配慮して設計されている。デザインは受賞歴のあるデザイナーが担当し、最新式の贅沢な設備を搭載。室内もみごとな仕上がりである。
（イギリス、カンブリア州在）

style notes

　キャラバンには、ほとんど手を加える必要のないものもある。その"シンプルさ"がいいのだ。曇り一つないアルミニウムのボディ、計算しつくされたその形、そして美しい内装を見れば分かるだろう。細部の彩りに使われている赤、黒、白の色は変更もでき、新しく付け替えたり好きな色にカスタマイズも可能。
　室内は現代的なデザインをあしらった巧みなつくりで、目的地に着いたらすぐにキャラバン生活を楽しむことができる。

recycled
修繕して再利用

　"地球にやさしく"は現代の重要課題であり、キャラバンの旅も例外ではありません。キャラバンの旅は"クール（粋）"であるだけでなく、休暇を海外ではなく国内で過ごすことで環境への負荷も減らすことができる——いま、多くの人々がこのことに気づきはじめています。

　忘れ去られた古いキャラバンも、リサイクルや修繕をすることで、さまざまな目的に使うことができます。自宅オフィス、庭の中のスタジオ、子どものプレイハウス。もちろん、本来の用途であるレジャーのためにも——。好きなスタイルにつくり直すのに、大金がかかるわけではありません。少しの予算で、素敵なキャラバンに仕上がるのです。

　キャラバンの旅は、経済的なだけでなく、環境にもやさしい旅です。必要なインフラは、さまざまな方法でまかなえるでしょう。太陽光発電で電気器具を動かす。薪ストーブで調理をし、暖をとる。なかには雨水を溜めて再利用する人もいます。

　古い布地もリサイクルして、室内装飾に使ってみましょう。古い床材や棚、ドアを好きなように作り替えれば、室内の雰囲気も変わります。

　もう使わないモノや古くなったモノは、再利用することで、本来の用途を超えた新しいモノとして生まれ変わることがあります。
誰かのガラクタは、別の誰かにとっては"宝物"なのです。

エコストリーム号
ecostream
イギリス製

イギリスの〈キャラバン・クラブ〉は、その旅にも環境への配慮を取り入れようと、地球にやさしいキャラバンを設計・製造することにした。

そうしてできたのが、この〈ヨーロピアン・エアストリーム534〉だ。省エネ設備を多く搭載し、廃材も利用した1台である。たとえば温水は、薪ストーブを利用して、ハーレーダビッドソンの燃料タンクに溜める仕組み。電気は屋根に取り付けた太陽光パネルで供給し、照明器具は電力消費の少ないLEDを採用している。

古い水道管を使ったシャワートレイ、竹材の床、コンポジットトイレなどは一般的なキャラバンの設備とは考えにくいかもしれない。しかしこのエコストリーム号では、すべての設備に創意工夫の妙が発揮されている。それでいて快適で贅沢、そして何よりも地球を汚さぬキャラバンである。 　　　　　　（イギリス、ウェストサセックス州在）

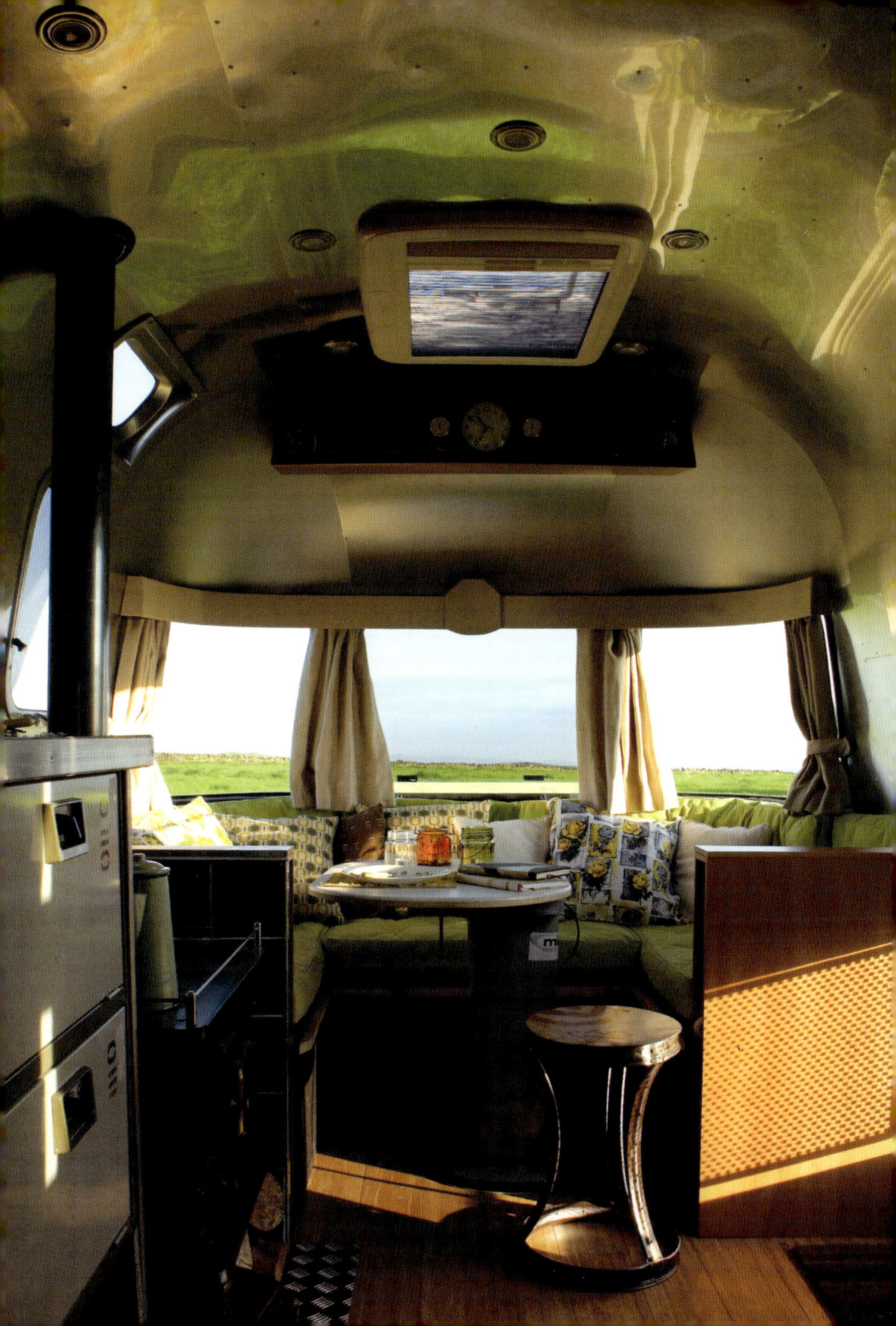

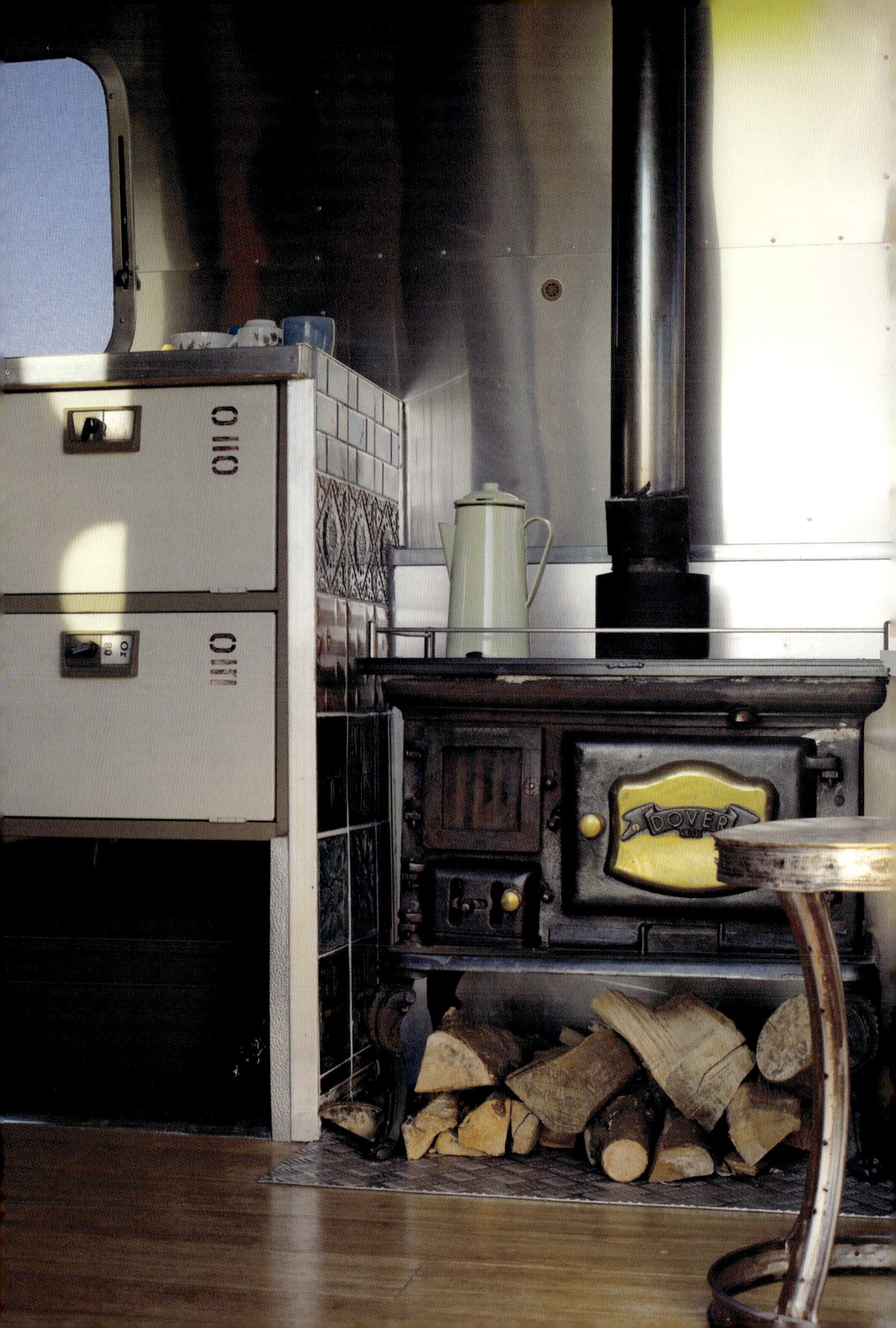
DOVER

style notes

　このプロジェクトの意図を考えれば、内装のあり方はおのずと明確になる。エコストリーム号の特徴は、再利用され、新しい命を与えられたさまざまなモノにある。

　たとえば薪ストーブを囲むふぞろいだが調和のとれたタイルは、マンチェスターの開墾地から見つかったヴィクトリア時代のもの。食器棚は、警察署の建て直しで放出された古いロッカーを再生して作られている。

　全体のテーマと色合いが決まれば、細かな品選びは決まったようなもの。この空間に配されたモノ——ティーライト・キャンドルを入れた再利用の色つきガラス瓶、1970年代に製造されたライムグリーンとイエローグリーンのミーキン社の食器、海藻を原料としたレトロな色合いのテーブルマット——は、どれもエコロジーでありながらスタイリッシュである。レトロな布地を組み合わせたクッションカバー、インドのドラム缶を再利用したスツールも、雰囲気づくりに一役かっている。

農夫のオアシス
eco farmers 1982年 アメリカ製

「夫リッチーの祖父母は、テキサス州のボウイ郡で50年以上も果物と野菜の畑をやっていたの」とコートニー・ベイツは言う。「その祖父が82歳のとき、肩の手術をすることになりました。それで畑を手伝おうと、わたしたちが引っ越してきたんです」

そしてベイツ夫妻はキャラバンを買うことにしたという。コートニーは続けた。「中古のキャラバンを自分たちで改修して、自分たちだけの1台をつくろう、とね。条件は一つだけ──アルミニウムの車体で、かっこいいこと。たまたま1982年製のアビオンに出会ったとき、これだと思ったの」

もともとの内装はブラウンを基調にしていて、「それはもう、ガラスをブラウンに染める技術があったなら、絶対そうしていたと思うくらい」だったという。そして2人は改装に着手した。「まずは寝室。材木を積み重ね、窓と同じ高さのベッドをこしらえたの。寝ながら遠くまで見晴らせるんですよ」

(アメリカ、テキサス州在)

style notes

　小さな空間の内装は、中心となる一つの色柄に合わせるとスタイルが決めやすい。このモダンなログキャビン風の空間のかなめは、テキスタイル・デザイナーの友人がデザインした食卓の椅子をくるむ大柄な千鳥格子の布地。これで全体の雰囲気が決まり、ギターやアート作品などの品々も、白壁に映える存在感を獲得することができた。

　木箱を利用したバスルームのシンプルな収納具は、貝殻、お気に入りのネックレス、写真など、つい散らかってしまう日常の細々したものをきれいに見せるための工夫。ぬかるんだ畑での農作業がもたらすやっかい事には、床に古い馬小屋用のマットを敷き詰めることで対応した。耐久性があり、掃除も簡単だそうだ。

デイジーの家
daisy 1980年イギリス製

「10代のとき、友だちが次々とトラックやバスをトレーラーハウスに改造しはじめたんです。彼らはそれで、あちこちのフェスティバルへ出かけていました」とデイジー・ビューズは言った。「うらやましかったわ。でも、わたしが友だちの例にならう羽目になったのは、住んでいた借家が開発業者に買い取られ、跡形もなく解体されてしまったからなの」

　デイジーが初めてキャラバンを手に入れたのは、10年前のこと。以来、彼女は"新しい旅人"の生活を営んでいる。「季節に合わせた暮らしなの。秋はフルーツを摘み、冬は織り物をする。春の終わりから夏のあいだは、キャラバンを連れてたくさんのフェスティバルに出かけます。わたしのキャラバンは、1954年製のブランプトン（Brampton）と、この1980年代製のローマ（Roma）の2台。こんな生活をしているのは、安上がりだからじゃなく、生き方の問題ね。太陽光発電ができて、雨水を集められるところなら、とても環境にやさしい暮らしができるんですよ」

　最後にデイジーは言った。「実用に役立つモノしか持ってません。だって、ここはわたしの住まいだし、よけいなモノを置くスペースはないんだもの」

（イギリス、ドーセット州在）

style notes

　自然素材を使った染め物や織り物と、環境を壊さないライフスタイルを愛すデイジーのこだわりは、キャラバンの室内にも反映されている。ベッドに掛けられた手製のブランケットは、自生していた植物を使って自分で染めたもの。織り機はスタジオに置いてあるが、小物は手で織るか、ミシンを使ってつくっている。

　このキャラバンは、かつてある芸人が所有していたという。デイジーは、メラミンの壁をスピリチュアルな絵柄で彩り、愛らしい照明具と薪ストーブを設置した。美しく、そして心あたたまる空間だ。

　身のまわりを手製の品々でとり囲むと、自然な一体感が生まれる。自分好みの色、手触り、風合いが溶け合って、調和した空間をつくりだすのである。

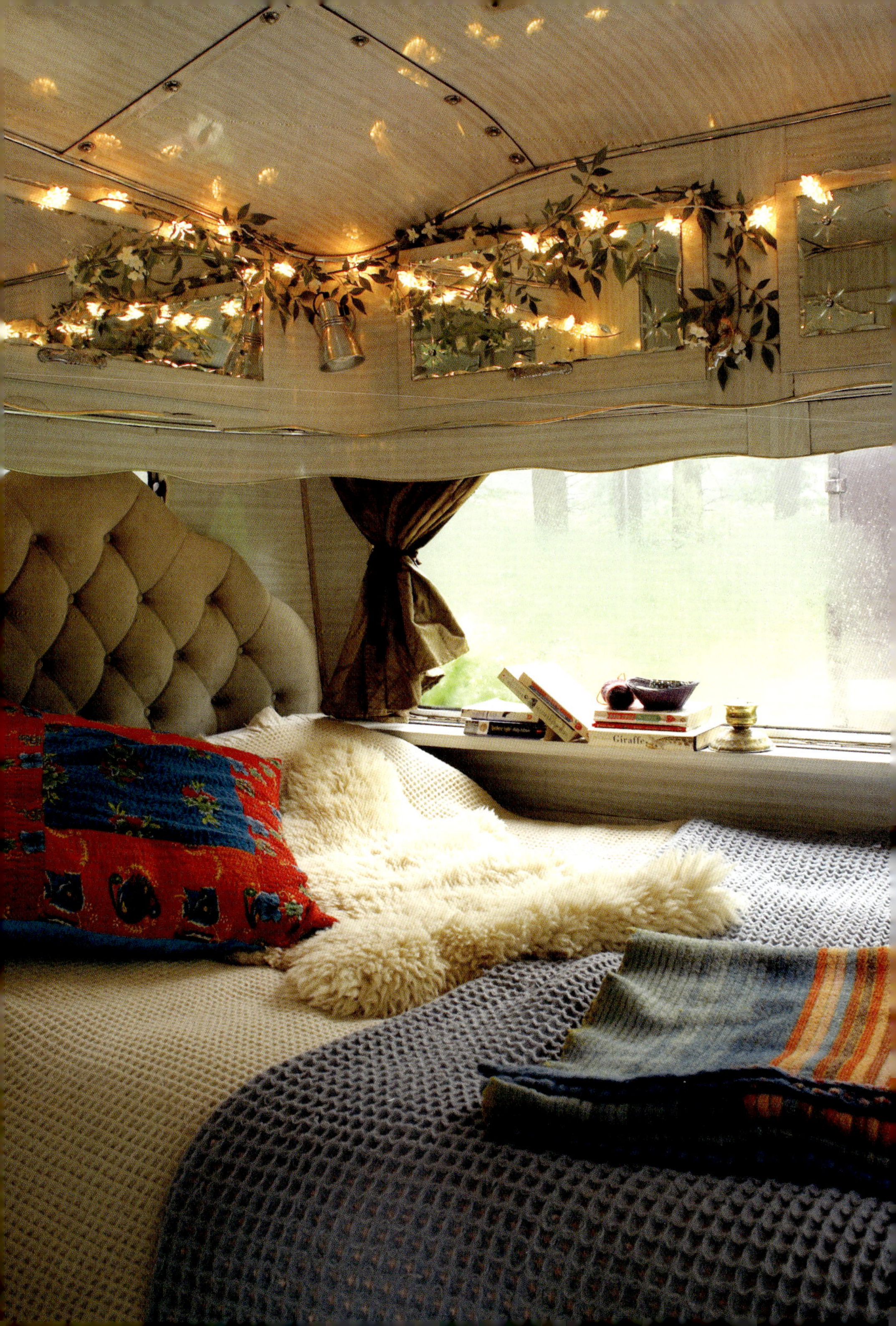
Giraffe

ホームオフィス
globetrotter
1963年 アメリカ製

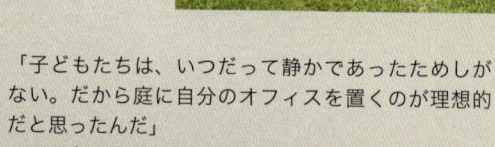

「子どもたちは、いつだって静かであったためしがない。だから庭に自分のオフィスを置くのが理想的だと思ったんだ」
　このキャラバンの持ち主も共著者のクリス・ハドン。
「改修して仕事部屋にと、おしゃれな小屋や離れもいろいろ物色した。だけど、ありきたりじゃないものがほしかったんだ。で、いっそエアストリームを買ってオフィスにしたらどうだろう、と思いついた」

クリスは、アメリカのコネティカット州で売りに出ていた1963年製の〈グローブトロッター〉を見つけた。「まさに思い描いていたキャラバンだった。僕が本気でこれを買いたいこと、イギリスまで運ぶつもりであることを持ち主にわかってもらうのは大変だったよ。さんざん手を尽くして、やっと届いたんだ。僕の通勤は、家の裏口のドアを開け、オフィスまでの数メートルを歩くだけ。環境にもやさしくて、自宅から仕事部屋までの数歩しか地球に影響を与えてないんだよ」
　オフィスでは、冬のあいだ、薪ストーブの前に大きなラブラドール・レトリーバーが寝そべって暖をとっているという。　　　　（イギリス、エセックス州在）

style notes

　夢は自宅の庭にオフィスをもつこと、と思う人は少なくない。最新設備を備えたこのキャラバンは、そんな仕事のための空間である。
　クリスは、ソファをくるむオズボーン＆リトル社製のプリント地を、照明具カバーの繊細なデザインに合わせて選んだ。これにより、室内の調和をうながす小さな視覚効果が生まれている。さらにベルベットのクッションで色味と質感にアクセントを加え、アメリカの古い看板やグラフィック、おもちゃのコレクションで遊び心をプラス。最新のコンピュータ機器に混じってレトロな小物を配置するなど、現代的でありながら殺風景でない、仕事とミーティングの場が生まれた。

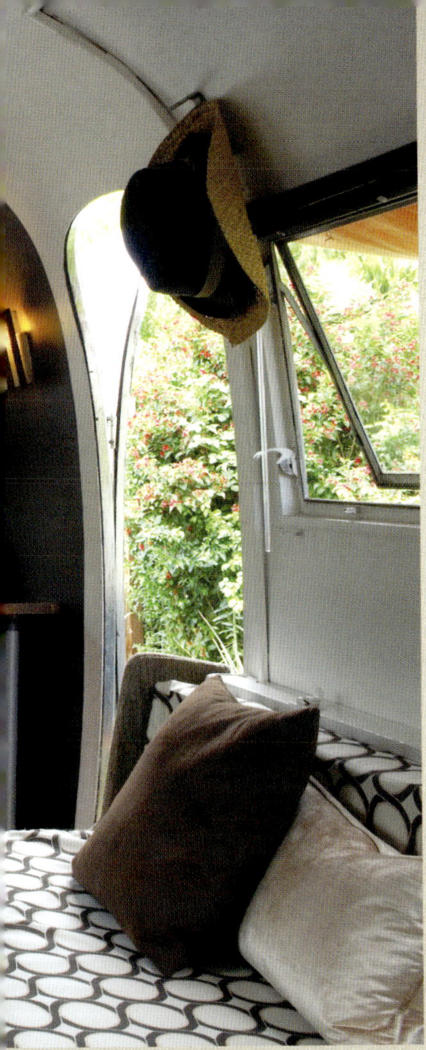
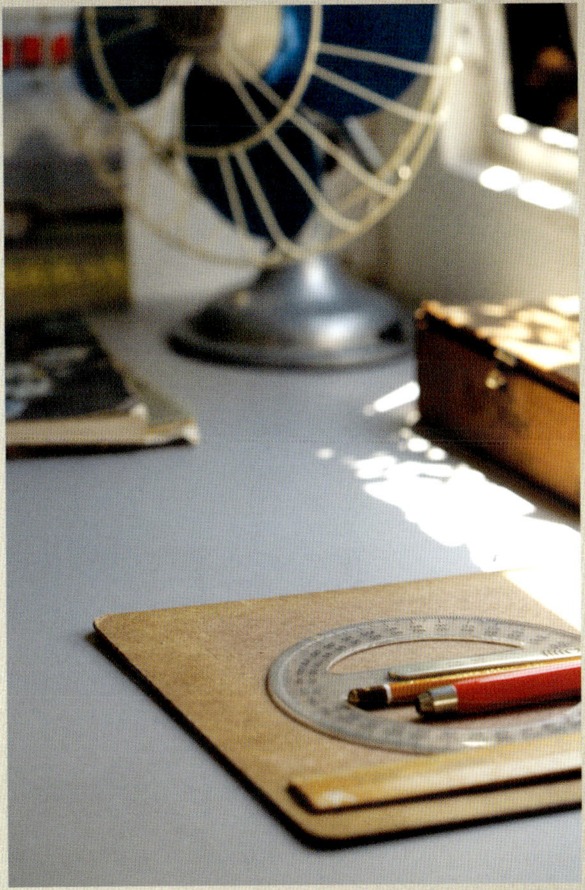
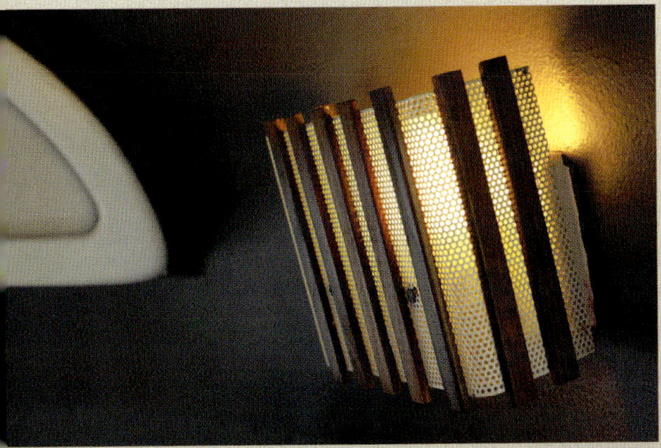
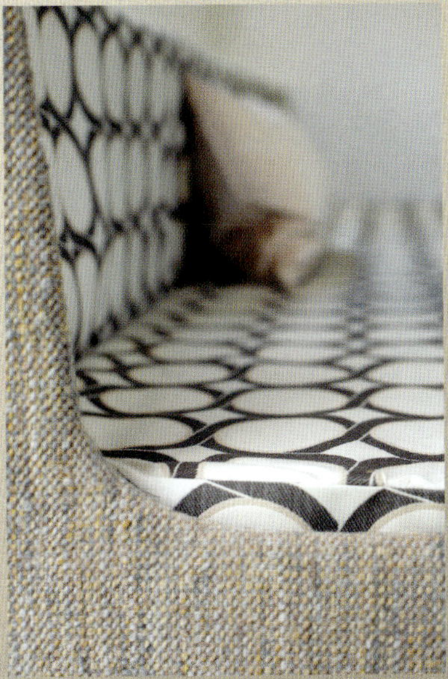

シトロエンの部屋
citroën h van
1967年 フランス製

「運転していると、みんなが振り返るの。ほんとに楽しいクルマですよ」

と、エミリー・チャルマーズは得意げにいう。1967年製シトロエン・Hバンの持ち主である。

「運転手は夫と決めているんです。このバンはよく目立つし、ハンドルが固いんですよね」

エミリーはスタイリストで、その名も〈キャラバン〉というインテリア・ショップのオーナーでもある。このバンを買ってから、エミリーと夫クリスは、都会の喧噪を逃れて週末の小旅行に出かける贅沢を手に入れた。

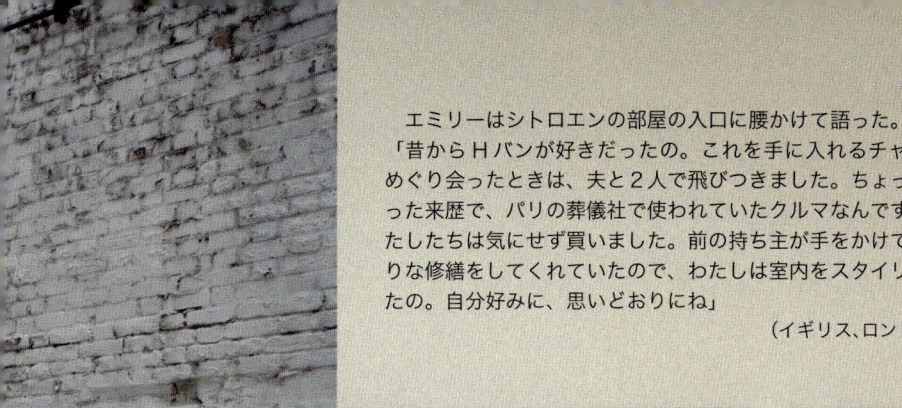

エミリーはシトロエンの部屋の入口に腰かけて語った。
「昔からHバンが好きだったの。これを手に入れるチャンスにめぐり会ったときは、夫と２人で飛びつきました。ちょっと変わった来歴で、パリの葬儀社で使われていたクルマなんですが、わたしたちは気にせず買いました。前の持ち主が手をかけて大がかりな修繕をしてくれていたので、わたしは室内をスタイリングしたの。自分好みに、思いどおりにね」

（イギリス、ロンドン在）

style notes

　独特な雰囲気は、インテリア・スタイリストであるエミリーのセンスの良さの証。確信に満ちた彼女にしかつくれない空間には、ユーモアとデザイン史への造詣が散りばめられている。
　このキャラバンからは、にじみ出る自信のようなものを感じることができる。多様なプリント地、古い絵柄と現代的なデザイン、デクパージュ（切り抜き細工）、強烈な色使い、装飾品と実用品……これらがからみ合って、一つの世界を織りなしているのだ。
　オフィスであり、ゲストルーム、商品の展示場、休暇を過ごす場所であり、そしてクルマでもある、まさに多目的空間である。

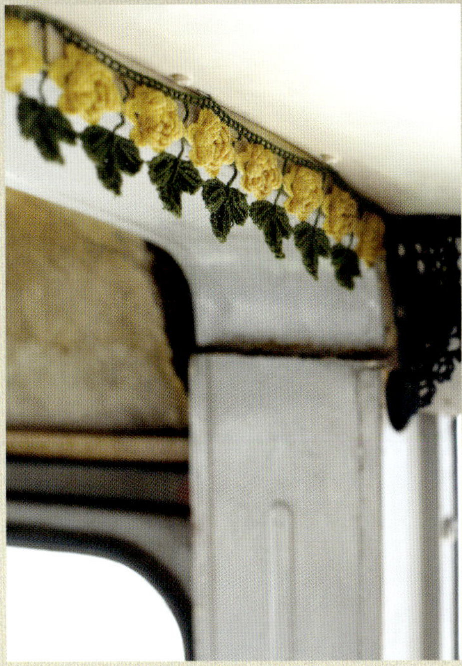

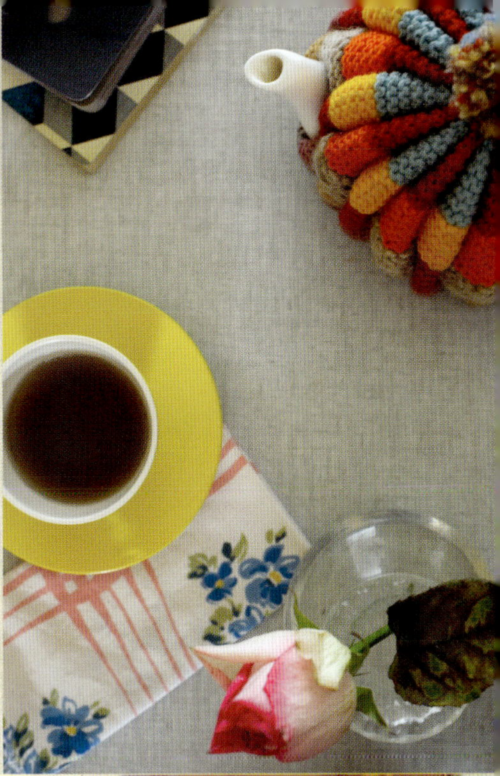

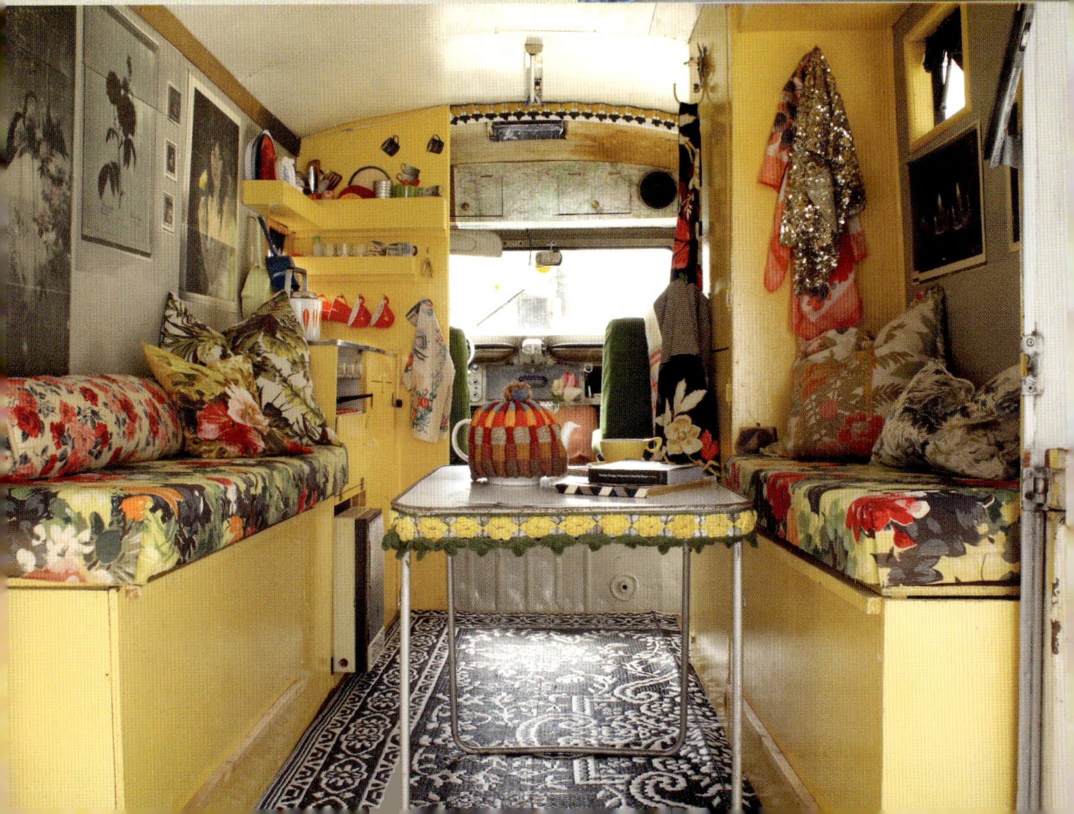

sourcebook
ショップ・リスト

donna flower
アンティーク、ヴィンテージのテキスタイル・ショップ。19世紀フランスの布地から、ヴィンテージに触発されてつくられた現代の布地まで広く取り扱う。
www.donnaflower.com

lucy bates vintage fabric
英国デザインの黄金時代の布地専門店。
110 High Street, Ashwell
Hertfordshire SG7 5NS
Tel: 01462 742905
www.lucybatesvintagefabric.co.uk

secondhand rose
ヴィンテージの壁紙、リノリウムを多数そろえたショップ。
230 5th Avenue suite No 510
New York, NY 10001, USA
Tel: 001 212 393 9002
www.secondhandrose.com

reprodepot
洋服地・手芸材料店。ヴィンテージ布地の復刻品、レトロな布地のほか洋服のパターンや雑貨も扱っている。
www.reprodepot.com

fabrics galore
ふつうの布地から一風変わった布地まで、デザイナー生地、バーゲン品など多様な布地をそろえたショップ。
54 Lavender Hill
London SW11 5RH
www.fabricsgalore.co.uk

brent plastics
プラスチック合板の専門店。さまざまなスタイル、色がそろう。
Unit D Cobbold Estate, Cobbold Road
Willesden NW10 9BP
Tel: 020 8451 0100
www.brentplastics.co.uk

caravan style
この本に登場するエミリー・チャルマーズ (p148) が経営する個性的なインテリアショップ。
Emily Chalmers.
3 Redchurch Street, Shoreditch
London E2 7DJ
www.caravanstyle.com

hungerford arcade
約100ものストールが集まるアンティーク・センター。高価なものから安価なものまで、さまざまなアンティーク雑貨や布地があり、がらくたを探すのにもうってつけ。
26 High Street, Hungerford
Berkshire RG17 0NF
www.hungerfordarcade.co.uk

few and far – unique finds
新品からアンティークまで、厳選された家具、洋服、テーブルウェア、おもちゃ、雑貨のショップ。季節ごとに商品が変わり、世界中の職人や作家の品が集められている。
242 Brompton Road
London SW3 2BB
Tel: 020 7225 7070
www.fewandfar.net

the old cinema
アンティーク、ヴィンテージ、レトロな品々の専門店。
160 Chiswick High Road
London W4 1PR
Tel: 0208 995 4166
www.theoldcinema.co.uk

pineapple ice bucket
1950〜80年代の雑貨を集めたショップ。選りすぐられた個性的な品々を扱う。
The Retro Room @ Squirrels
Lyndhurst Road, Brockenhurst
Hampshire SO42 7RL
Tel: 07753 747297
www.pineappleicebucket.co.uk

frasers aerospace
職人や航空産業が御用達にしている金属のクリーニング、メンテナンス用品のお店。車体をみがく用品が手に入る。
Tel: 020 8597 8781
www.frasersaerospace.com/metalpolishing.html

KP Woodburning Stoves
薪ストーブの専門店。職人による個性的なデザインのストーブを手頃な価格で扱っている。
Tel: 07764 813867
www.kpwoodburningstove.co.uk

awning poles
テントや日除けの支柱、ロープ、アクセサリを扱う。
www.leisurefayre.co.uk

vintage-style awnings
レトロな日除け、アクセサリを扱う。
www.vintagetrailersupply.com

awning, deck-chair and windbreak canvas
ヴィンテージ風なストライプのキャンバス地の店。
www.deckchairstripes.com

wooden windbreak poles
先端に金属をとりつけた風よけ用木製ポールはここで。
www.outdoorworld.co.uk

auto jumble ~ beaulieu
毎年開催される自動車用品の巨大フリーマーケット。グッズからパーツ、アクセサリ、古い車やキャラバンまで、数多く出店。
www.internationalautojumble.co.uk

plankbridge shepherds' huts
羊飼いの小屋の製造メーカー。地元業者が供給する金属を使用して製作している。
Tel: 01305 848123
www.plankbridge.com

snail trail
レトロなフォルクスワーゲンのキャンパーバンを扱うショップ。レンタルも。
Tel: 01767 600440
www.snailtrail.co.uk

airstream
エアストリーム社。
www.airstream.com

vintage airstream UK
ヴィンテージのエアストリームを扱う専門店。レンタルも。
Tel: 01684 274755 or 07766 704896
www.vintageairstreams.co.uk

vintage american caravans ltd
ヴィンテージのアメリカ製キャラバンの輸入販売・修理。
Tel: 01962 773099
www.american-caravans.co.uk

tin travel trailers
ヴィンテージのアメリカ製キャラバンの専門店。
Tel: 001 541 891 0355 or 001 541 850 2009
www.tininntraveltrailers.com

vintage trailer supply
ヴィンテージのアメリカ製キャラバンのパーツ、アクセサリを多数そろえたショップ。
www.vintagetrailersupply.com

the caravan club
イギリスの〈キャラバン・クラブ〉。
Tel: 01342 326944 for general enquiries
Tel: 0800 328 6635 for membership enquiries
www.thecaravanclub.co.uk

vintage vacations
景勝地・ワイト島にあるヴィンテージのアメリカ製キャラバンのレンタルショップ。
Tel: 07802 758113
www.vintagevacations.co.uk

la rosa campsite
キャラバンの旅を体験できる宿泊施設。ノースヨークシャー州。
Whitby, North Yorkshire
Tel: 01947 606981
www.larosa.co.uk

sumners pond campsite
釣りも楽しめるキャンプサイト。ウェストサセックス州。
Tel: 01403 732539
www.sumnersponds.co.uk

belrepayre airstream and retro trailer park
フランスにあるレトロ・スタイルのキャンプサイト。キャラバンのレンタルも。
Perry and Coline
Near Mirepoix, (09) Ariège, Midi-Pyrénées, France
www.airstreameurope.com

共著者クリス・ハドン所有の〈陸のヨット〉

著者

ジェイン・フィールド゠ルイス
ロンドンを拠点に、映画・写真業界でスタイリストとして働く。1970年代製のレトロ・モダンなキャラバンをもち、創造意欲を刺激する小さな隠れ家として愛用している。

クリス・ハドン
レトロなキャラバンを愛し、1960年代製のエアストリームを改造したオフィスでデザイン会社を経営。ほかに1970年代イギリス製、70年代製エアストリームも所有し、家族との旅や憩いの場に使っている。

訳者

松井貴子
1971年生まれ。慶應大学文学部卒。主な訳書に『女優の朝』『ダ・ヴィンチ 天才の仕事』『人体解剖図』『可笑しなホテル』『オードリー物語』（以上、二見書房）などがある。

可笑しなクルマの家

著 者	ジェイン・フィールド゠ルイス
	クリス・ハドン
訳 者	松井貴子
編 集	浜崎慶治
発行所	株式会社二見書房
	東京都千代田区三崎町2-18-11
	電話　03(3515)2311 営業
	03(3515)2313 編集
	振替 00170-4-2639
印刷／製本	図書印刷株式会社

落丁・乱丁本はお取り替えいたします。定価は、カバーに表示してあります。
©Futami Shobo 2013, Printed in Japan. ISBN978-4-576-13147-4
http://www.futami.co.jp

―――――― 二見書房の〈たのしい家〉シリーズ ――――――

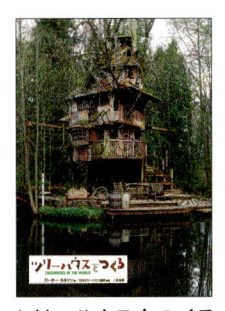

ツリーハウスをつくる
ピーター・ネルソン＝著
日本ツリーハウス協会＝訳

ツリーハウスで遊ぶ
ポーラ・ヘンダーソン
アダム・モーネメント＝著

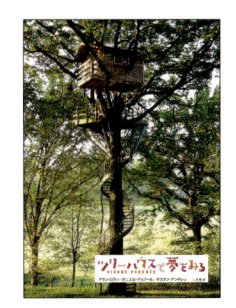

ツリーハウスで夢をみる
アラン・ロランほか＝著

可笑しな家
黒崎 敏＆ビーチテラス＝著

夢の棲み家
黒崎 敏＆ビーチテラス＝著

可笑しなホテル
ベティーナ・コバレブスキー＝著
松井貴子＝訳

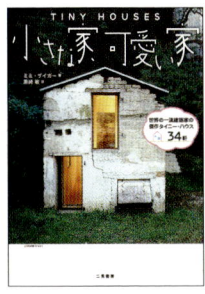

小さな家、可愛い家
ミミ・ザイガー＝著
黒崎 敏＝訳

かわいい隠れ家
ミミ・ザイガー＝著
黒崎 敏＝訳

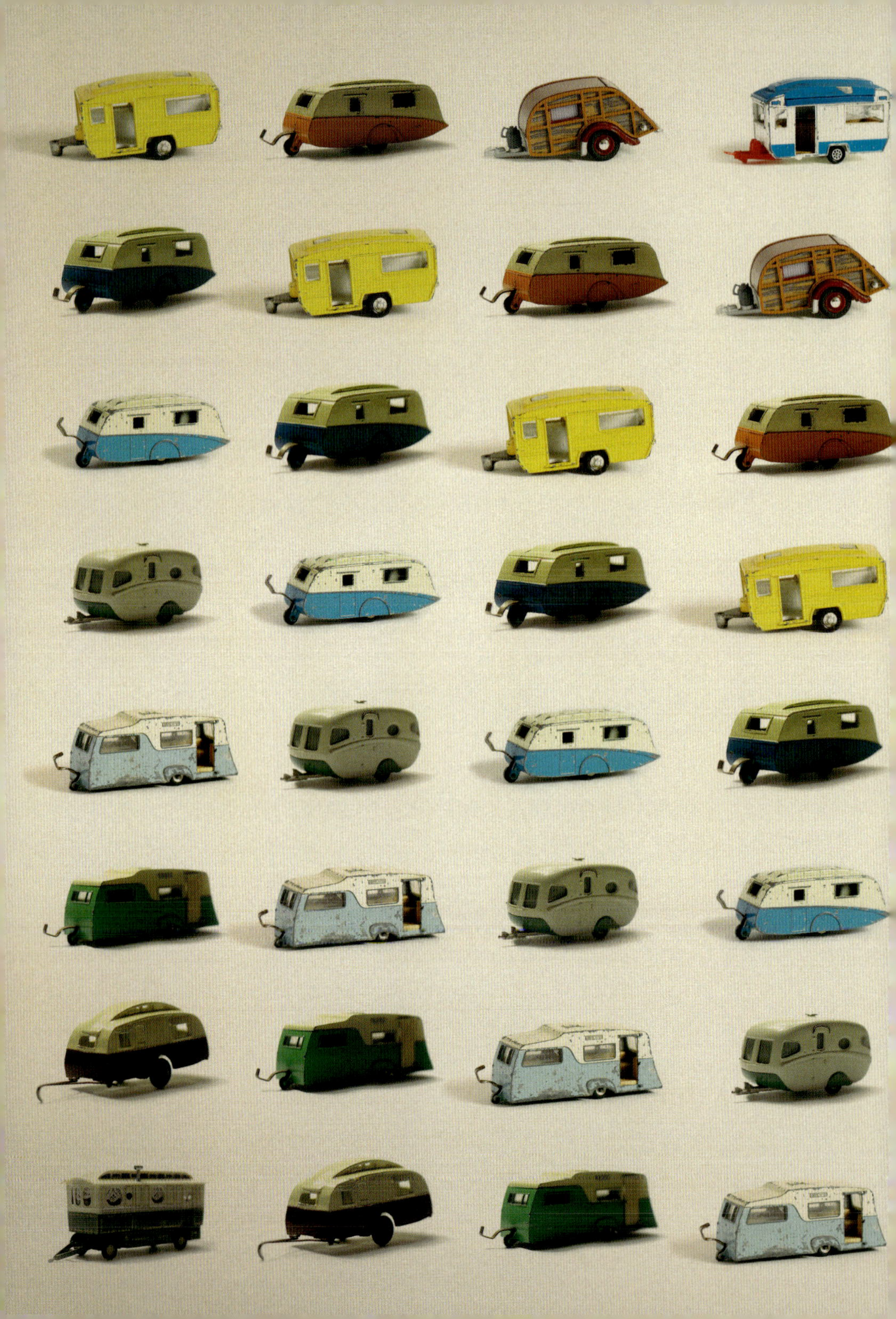